이그노벨상 이야기

IGNOBEL PRIZES

이그노벨상 이야기

천재와 바보의 경계에 선 괴짜들의 노벨상

마크 에이브러햄스 지음 이은진 옮김

이그노벨상이란?
과학 유머 잡지 「황당무계 연구 연보(Annals of Improbable Research)」가
매년 10개 부문에 수여하는 상. '다시는 할 수도 없고 해서도
안 되는' 업적을 이룬 사람만 탈 수 있다.

드디어 완성했다.
냄새먹는 팬티!

짝짝짝짝

짝짝 짝짝짝짝

살림

CONTENTS

이그노벨상 가이드

수상자들이 2000년 이그노벨상 상패를 들고 있다. 상패의 디자인은 매년 다르다.

　　이것을 몹시 탐내는 사람들도 있지만 이것으로부터 도망치는 사람들도 있다. 문명화의 특질로 보는 사람들이 있는가 하면 지워야 할 흠집 정도로 보는 사람들도 있다. 어떤 사람들은 이것 때문에 웃고 어떤 사람들은 이것을 비웃는다. 이것을 칭송하는 사람들도 많지만 비난하는 이들도 더러 있고 어리둥절해하는 사람들도 있다. 그리고 많은 사람들이 이것을 미치도록 좋아한다.

　　이것은 바로 이그노벨상이다.

　　수상자들과 그들이 이룬 업적은 셜록 홈즈가 자신의 그 유명한 신문철에서 찾으려고 애썼던 것과 비슷하다.

　　"그는 매일 그 위대한 책을 뒤적이며 런던에서 발행되는 갖가지 신문에 실린 개인 광고를 스크랩했다. 그리고 페이지를 넘기며 이렇게 말했다. '저런! 고통스런 신음 소리, 울음소리, 온갖 푸념이 합창을 하는군! 온갖 특이한 사건들이 모여 있어! 하지만 기이한 것을 쫓는 학생에게는 가장 귀중한 사냥터라는 사실만은 분명하네!'"

　　물론 셜록 홈스는 가공의 인물이고 이그노벨상 수상자들은 실제 인물들이다.

　　해마다 10개의 이그노벨상이 '다시는 할 수도 없고 해서도 안 되는' 업적을 이룬 사람들에게 주어진다. 이미 알려진 대로 '이그'는 놀랍도록 바보 같은 일을 해낸 사람들에게 영예를 수여한다.

일부는 존경스럽기도 하지만 그렇지 않을 때도 있다.

이그노벨상 수상자들이 이룬 업적은 사람들을 (a)웃게 만들고 (b)놀라서 머리를 흔들게 만든다.

수상자 대부분이 과학과 관련이 있는 사람들이다. 에일 맥주, 마늘, 사워크림이 거머리의 식욕에 미치는 영향을 평가한 노르웨이 생물학자들과 대합조개에 우울증 치료제 프로잭을 투여한 미국인 교수가 대표적이다. 그런가 하면 고양이 귀에 서식하는 진드기를 자기 귀에 넣고 어떤 일이 벌어지는지 주의 깊게 기록한 뉴욕의 수의사도 있다. 실험을 통해 물이 무엇인가를 기억할 수 있다는 사실을 보여 준 프랑스 생물학자와 코스타리카에 서식하는 다양한 달팽이들의 미각을 테스트한 캐나다 교수도 수상의 영예를 안았다. 비스킷을 차(茶)에 적시는 최상의 방법을 측정한 영국의 물리학자, 사람은 정말로 음식을 먹을 필요가 없다고 설명한 호주의 동기 부여 강사, 합동 결혼시킨 커플이 100만 쌍에 달하는 한국의 종교 지도자가 상을 받기도 했다.

경제 관련 업적으로 수상한 이들도 있다. 영국에서 가장 유서 깊은 은행을 파산시킨 남자와 칠레 국민 총생산을 0.5퍼센트나 깎아 먹은 무역업자도 상을 받았다. 죽음과 세금이 기묘하고도 밀접하게 연관되어 있다는 사실을 증명한 미국 경제학자들, 정크 본드(신용 등급이 낮은 기업이 발행하는 고수익 채권으로 이자가 높은 만큼 위험도 크다─옮긴이)의 아버지, 근대 서양식 보험의 효시라 할 수 있는 런던 로이즈(Lloyd's of London)에 일대 혼란을 일으킨 투자자들에게도 수상의 영예가 돌아갔다.

　무언가를 발견하거나 잃어버렸다고 상을 받은 이들도 있다. 달의 뒷면에서 1만 6,000미터 높이의 건물들을 발견한 아마추어 과학자와 낙서의 일종이라 믿고 고대 동굴 벽화를 말끔하게 지워 버린 프랑스 보이 스카우트도 상을 받았다. 환자들의 직장(直腸) 안에서 발견한 물건들을 종합적이고도 역사적으로 조사한 외과 의사들도 예외가 아니다.

　의학적인 업적으로 상을 타기도 한다. 5년 동안이나 자기 손가락을 바늘로 찌르고 거기에서 나는 악취를 맡은 남자와 그를 치료한 의사들이 대표적이다. 키와 음경 길이, 발 크기의 상관관계를 연구한 캐나다 의사들, 코 파기가 젊은이들의 공통된 활동이라는 사실을 발견한 인도의 정신 의학자, 글래스고에서 일어난 변기 붕괴 사건을 상세하게 기록한 스코틀랜드 의사들에게도 수상의 영예가 돌아갔다.

　종(種)의 번식과 관련하여 상을 받은 경우도 있다. 성관계를 맺고 있는 커플의 생식기를 세계 최초로 MRI 촬영한 네덜란드 연구팀, 여성의 출산을 돕기 위해 원심력을 이용하는 기계를 발명했지만 정작 자신들은 아이가 없었던 나이 지긋한 부부가 대표적이다.

　예술 관련 업적으로 수상의 영예를 안은 이들도 있다. 정원을 장식하는 데 쓰는 분홍색 플라스틱 홍학을 만든 사람, '동물 왕국의 생식기들'이라는 고전적인 해부학 포스터를 만든 사람, 엘리베이터 음악이 병을 예방하는 데 도움이 된다는 사실을 발견한 심리학 교수들, 피카소와 모네의 그림을 구분하게끔 비둘기를 훈련한 일본 심리학자들도 상을 받았다.

문학 부문에서 상을 받은 사람들의 면면을 살펴보면 열 쪽짜리 과학 논문을 함께 쓴 976명의 공동 저자, 「형언할 수 없는 공포에 대한 방어 기제로서의 방귀」라는 논문을 쓴 이탈리아 심리학자, 정크 메일을 세상에 널리 퍼뜨린 필라델피아 사업가, 은퇴한 후 아포스트로피 보호 협회를 설립한 편집자가 있다.

이그노벨 평화상을 수상하려고 기를 쓴 이들도 있다. 상대방의 뒤뜰에서 핵폭탄을 터뜨린 국가 지도자들, 군인들에게 포탄 발사를 중단하고 대신 입으로 '빵' 소리를 내라고 명령한 영국 해군, '스탈린 월드'로 알려진 테마파크를 만든 리투아니아의 버섯 거상(巨商), 동작 탐지기와 화염 방사기가 달린 자동차 도난 경보기를 발명한 남아프리카 인 부부가 그 주인공이다.

이 밖에도 무궁무진하다. 이런 것들이 다 사실이라는 게 믿기지 않을 수도 있다. 이에 이그노벨상 위원회는 누구나 세부 사항을 확인하고 감상할 수 있도록 보고서를 출간하고 있다. 매년 10월 하버드 대학교에서 개최되는 이그노벨상 시상식에 수상자들을 초대하는 것도 이 때문이다. 수상자들은 자비로 여행해야 하지만 여러 가지 이유에서 이것은 가치가 있는 일이다. 식장을 가득 메운 1,200명의 청중이 종이비행기를 날리며 따뜻하고 열광적인 박수로 이들을 환영할 테니까 말이다.

이 독특한 시상식에는 진짜 노벨상 수상자들이 시상자로 참석해 새로운 이그노벨상 수상자들에게 상패를 건넨다. 이 순간은 정말 마법과도 같다. 마치 정반대 편에 있는 우주의 양쪽 끝이 만나 서로 손을 잡는 것 같은 순간이니 말이다. 이 순간 노벨상 수상자와 이그노벨상 수상자는 즐거움과 경이로움에 가득 찬 눈으로 서로를 마주 본다.

이그노벨상을 받으면 기뻐해야 하는 걸까?

다행히도 그렇다. 분명 운이 좋다고 느껴야만 한다. 이그노벨상을 받으려고 몇 년씩 애쓰지만 결국 받지 못하는 사람들도 있으니까 말이다. 수상자들 대부분에게 이그노벨상의 영예는 살금살금 다가오거나 어느 순간 갑자기 닥친다. 어느 멋진 날 통지서가 오고 정말인지 확인하는 몇 차례 대화가 오간다. 그리고 마침내 그들이 만족스럽고 기이하고 어리벙벙한 뭔가를 해냈다는 공식적인 승인이 어리벙벙하고 기이한 세계로부터 내려온다.

사실 이그노벨상 수상자들 대부분은 수상 소식을 듣고 기뻐한다. 누구나 아주 조금씩은 기뻐할 것이다. 과연 이그노벨상이 영예로운 상인지 의심스러운 것도 사실이지만 이 짧은 인생에서 굳이 상을 받지 않을 이유는 또 뭐겠는가?

대부분의 상은 좋은 것을 격찬하고 나쁜 것을 조롱한다. 일반적으로 이 세상은 좋은 것과 나쁜 것을 구분하는 걸 즐기는 것 같다. 올림픽 메달은 아주 좋은 선수들에게 돌아간다. 노벨상은 과학자들과 작가들, 그 밖에 뛰어난 사람들에게 주어진다. 물론 가끔은 실수나 누락이 생기기도 하지만, 이런 상들은 대개 이들의 극단적인 인간애를 존경한다는 의미를 갖는다. 수상자들이 성취한 일들은 아주 좋거나 아주 나쁜 것으로 평가받기 마련이다.

이그노벨상은 이런 상들과 다르다. 다들 알겠지만 이그노벨상은 우리 대부분을 한동안 생각하게 만드는 걸출한 혼돈을 존중한다. 인생은 혼란스럽다. 좋은 것과 나쁜 것이 한데 뒤섞여 있다. 음(陰)과 양(陽)을 완전히 구분하기란 어려운 일이다. 나무와 숲도 마찬가지고 때로는 위와 아래도 그렇다.

대부분의 사람들은 자기가 이룬 것을 알아주는 멋지고 우쭐해질 만한 상을 받지 못한 채 인생을 살아간다. 우리가 이그노벨상을 시상하는 이유가 여기에 있다. 당신이 상을 받으면 모든 사람에게 당신이 한 일을 알릴 수 있게 된다. 그 일이 무엇인지를 설명하기는 어려울 수 있고 설명한다는 것 자체가 불가능할지도 모른다. 당신이 이룩한 성과가 사람들에게 좋은 건지 나쁜 건지 설명하는 것은 어려울 수도 있고 심지어 고통스러울 수도 있다. 하지만 중요한 것은 당신이 그것을 해냈다는 것이고 인정을 받았다는 것이다. 이제 다른 사람들도 그들이 앞으로 할 일에 대해 인정을 받아야 한다.

이그노벨상 수상자들과 그들이 이룬 업적이 진짜라는 사실은 아무리 강조해도 지나치지 않다.

한번은 이그노벨상 시상식 말미에 영국에서 온 여성 기자가 무대에 올라 시상을 마친 노벨상 수상자를 에스코트했다.

"이그노벨상 시상식은 처음이시죠?" 기자가 그 유명한 과학자에게 물었다. "재미있으셨어요?" "네, 재밌었습니다." 아주 유쾌한 듯 눈을 반짝이며 그가 대답했다. "이 사람들은 정말 재밌어요! 이 사람들이 그 일을 진짜로 했다고 한번 상상해 보세요."

기자는 낮은 소리로 킬킬 웃었다. "이 사람들은 정말로 그 일을 해낸 걸요?"

이그노벨 수상자는 누가 결정하는 걸까? 이그노벨상 위원회다. 그렇다면 이그노벨상 위원회에는 어떤 사람들이 있을까? 아! 이사회는 내가 편집하는 과학 유머 잡지 「황당무계 연구 연보(Annals of Improbable Research)」 편집진과 상당히 많은 과학자들(당연히 몇몇 노벨상 수상자들을 포함한), 기자들, 그 외 다양한 국가와 영역에서 활동하는 사람들로 이루어져 있다. 이사회는 절대로 특정한 날짜나 장소에 모이지 않는다. 우리는 누가 후보자를 추천했는지, 이사회 구성원이 정확히 누구인지 따위를 기록으로 남기지 않는다. 최종 수상자를 정할 때는 전통에 따른다. 그 전통이란 거리에서 지나가는 사람들 몇몇을 붙들고 마지막 투표를 받는 것이다.

추천은 어디에서 받을까? 어디든 상관없다. 모든 곳에서 받는다. 누구나 이그노벨상 후보로 누구든 추천할 수 있고 실제로 꽤 많은 사람들이 그렇게 하고 있다. 우리는 매년 수천 명의 후보를 추천받고 있는데 자기 자신을 추천하는 경우는 소수에 불과하다. 지금까지 자기 자신을 추천해서 상을 받은 경우는 딱 한 번 있었다. 수상자는 에일 맥주, 마늘, 사워크림이 거머리의 식욕에 미치는 영향을 연구했던 안데르스 베르헤임(Anders Baerheim)과 H. 산비크(H. Sandvik)로 이뤄진 노르웨이 팀이었다.

수상자로 선정된 사람들은 이 상을 받음으로써 직장 상사나 정부 및 기타 등등과 심각한 문제를 일으킬 거라고 정말 믿는 경우에는 수상을 거부할 수 있다. 이그노벨상을 시상한 10년이 넘는 세월 동안 그런 경우는 아주 소수였다. 최근에는 수상자 대부분이 시상식에 참석하고 있고 재정적인 문제나 다른 상황 때문에 참석이 어려울 때는 수락 연설이라도 보내오고 있다.

상을 받으러 오는 수상자들은 언제나 따뜻한 환영을 받는다. 수상자가 공식적인 축하장에 올 정도로 자신들의 말도 안 되는 업적을 자랑스러워한다면, 관중과 주최자들은 언제나 감사를 보낸다. 만약 수상자가 킥킥거리며 웃는다면, 그러라고 내버려 두면 그만이다.

이그노벨상을 수상하게 되면 가장 좋은 것은 이그노벨상 시상식에서 스타가 되고 그 도시에서 아주 주목받는 인기인이 된다는 것이다.

최초의 시상식은 한밤중에 MIT의 한 박물관 안에 350명이 꽉 들어찬 가운데 들뜬 분위기에서 시작되었다. 처음 시상식이 열린 1991년, 우리는 시상자로 노벨상 수상자 네 명을 초대했다. 네 사람 모두 시상식에 참석했다. 그것도 수염과 가짜 코가 달린 안경에 어깨띠, 페즈모(검은 술이 달린 붉은색 터키 모자 – 옮긴이) 등을 걸친 세련되면서도 장난스러운 복장을 하고 나타났다. 일반인들도 시상식에 초대를 받는데 대부분 초대를 받자마자 승낙한다. 물론 기자들도 온다.

시상식 밤이면 모든 사람이 평소와는 다른 무언가가 살금살금 들어오는 것 같은 기분을 느낀다. 여기에서 중요한 것은 '살금살금 들어오다'라는 부분이다. 거기에 있는 우리 모두는 조만간 당국의 누군가가 들이닥쳐 이 말도 안 되는 짓을 당장 그만두고 다들 집으로 돌아가라고 말할지도 모른다는 생각에 조마조마했기 때문이다. 그러나 누구도 들이닥치지 않았고 시상식은 대성공이었다. 다음 해에 우리는 MIT에서 가장 넓은 곳으로 장소를 옮겨 시상식을 개최했다.

그 후에 여기저기서 추천이 물밀듯이 밀려들었다. 그리고 매년 아주 먼 거리에서 관중들과 해당 수상자들, 노벨상 수상자들이 시상식에 참석하러 왔다.

1994년 네 번째 이그노벨상 시상식 후에 우울하고 화를 잘 내는 MIT 관리가 시상식을 금지하려고 시도했다. 곤혹스러워하는 한편 거의 즐거워하면서 이그노벨상 위원회는 길을 따라 3.2킬로미터 올라간 지점으로 모든 것을 옮겼다. 그곳은 바로 하버드 대학교에서 가장 오래되고 가장 크고 가장 위엄 있는 강의실인 샌더스 시어터(Sanders Theater)로 이제는 이그노벨상의 영원한 본거지가 되었다. 하버드 대학의 여러 학생회가 「황당무계 연구 연보」와 함께 시상식을 후원한다. 하버드와 MIT 교수들과 학생들, 행정 직원들, 그 외 다양한 사람들이 자발적으로 참여해 매년 열리는 시상식을 준비하고 있다.

시상식은 해가 갈수록 점점 복잡해져서 아카데미 시상식, 대관식, 서커스, 축구 경기, 오페라, 정신 병원, 실험 사고, 오래된 브로드웨이 쇼 〈헬자포핀(Hellzapoppin)〉을 한데 섞어 놓은 듯한 왁자지껄한 혼합물이 되었다. 매년 더 매력적인 것들로 시상식이 채워지고 그 정점에서 10개의 이그노벨상 시상이 이뤄진다. 시상식을 주관하는 사람으로서 내 임무는 자기들의 독립된 우주를 오가며 재기발랄한 논쟁을 주고받는 이 기막힌 괴짜들로 가득 찬 행사장을 평화롭고 품위 있게 유지하는 것이다. 어찌 보면 개구리 커밋(Kermit the Frog : 미국 TV 프로그램 〈머펫 쇼〉에서 사회자를 맡은 캐릭터-옮긴이)이 하는 일과 비슷하다.

두 번째 시상식이 열리던 해에 한 가지 전통이 생겨났다. 관중 1,200명이 무대를 향해 종이비행기를 날리는 것이다. 그러면 무대에 오른 사람들은 무대에 떨어진 종이비행기를 다시 관중에게 날린다. 이런 일이 시상식이 열리는 밤 내내 이어진다. 무대에 떨어지는 종이비행기 수가 너무 많아서 두 사람이 계속해서 치우지 않으면 안 될 정도다. 안 그러면 무대에 오르는 것 자체가 거의 불가능해진다.

시상식은 나이 지긋한 부인이 올라와 "환영합니다, 환영합니다"로 채워진 전통적인 환영사를 낭독하는 것으로 시작된다. 배드 아트 미술관(Museum of Bad Art), 복잡한 것을 지지하거나 반대하는 변호사들(Lawyers for and against Complexity), 계산자(計算尺) 보호 협회(Society for the Preservation of Slide Rules), 7세가량의 회원들로만 구성된 주니어 과학자 클럽(Junior Scientists' Club), 더 나은 내일을 위한 과일 케이크(Fruitcakes for a Better Tomorrow), 수염 기른 남자들의 모임(Society of Bearded Men), 하버드 관료 클럽(Harvard Bureaucracy Club), 중력에 저항하는 할머니들(Grannies Against Gravity), 온건한 변화를 지향하는 비(非)극단주의자들(Non-Extremists for Moderate Change) 등의 회원이 관중 대표로 입장 퍼레이드를 하기도 한다.

'노벨상 수상자와 데이트하기' 콘테스트 시간도 있다. 여기에서 우승하면 아주 운이 좋은 누군가는 노벨상 수상자와 데이트를 하게 된다.

1994년 시상식 때는 니콜라 호킨스 댄스 컴퍼니(Nicola Hawkins Dance Company) 무용단이 공연하고 노벨상 수상자 리처드 로버츠(Richard Roberts)와 더들리 허슈바크(Dudley Herschbach), 윌리엄 립스컴(William Lipscomb)이 출연한 〈전자들의 통역 무용(The Interpretive Dance of the Electrons)〉이 초연되기도 했다.

1996년부터는 해마다 미니 오페라를 직접 만들어 전문 오페라 가수들과 몇몇 노벨상 수상자들이 함께 공연을 한다. 이런 오페라 작품을 만드는 핵심은 공연할 사람을 잘 혼합해서 캐스팅하는 데 있다. 반드시 (a)아주 노련하고 재능이 있거나 (b)사람의 마음을 끌 만큼 재미있는 사람을 뽑아야 한다. 〈바퀴벌레 오페라(The Cockroach Opera)〉가 우리의 첫 번째 작품이었다. 나중에는 노벨상 수상자 다섯 명이 아원자(亞原子) 조각 역할로 주연을 맡은 빅뱅에 관한 고발극 〈우르르 꽝 합주곡(Il Kaboom Grosso)〉을 초연하기도 했다. 테너 다섯 명이 자기 자신을 복제하려 했다가 이그노벨상을 수상한 물리학자 리처드 시드(Richard Seed)로 열연한 〈시디 오페라(The Seedy Opera)〉와 그 밖의 음악 공연들도 이그노벨상 시상식에서 처음 무대에 올려졌다.

이그노벨상 시상식에서는 매년 세계 과학계, 문학계, 예술계 유명 인사들이 누구도 예상치 못했던 재능을 뽐내는 특별한 행사가 열린다.

하이젠베르크 확정성 강연회(Heisenberg Certainty Lectures)에서는 유명한 과학자들, 대학 학장들, 배우들, 정치인들이 무엇이든 자기가 원하는 주제를 가지고 자유롭게 강연할 기회를 얻는다[이 강연회는 그 유명한 하이젠베르크의 불확정성 원리(Heisenberg Uncertainty Principle)에서 이름을 따온 것이고, 이 원리는 노벨상 수상자 베르너 하이젠베르크(Werner Heisenberg)의 이름을 딴 것이다]. 그러나 강연자들은 엄격한 시간제한을 받는다. 주어진 시간은 30초이고 전문 축구 심판이 단속한다. 주어진 시간을 넘기면 누구든 무대에서 끌려나간다. 이 때문에 관중들에게 아주 인기가 있다.

어느 해엔가는 일련의 유명한 사상가들이 세상에서 가장 똑똑한 사람을 정하는 콘테스트에 참가하기도 했다. 30초 동안 일대일 토론 대결을 벌이는 이 콘테스트에서 토론자 두 사람은 동시에 말을 해야 했다. 여기에서도 우리의 심판 존 배릿(John Barrett)은 시간제한을 엄격하게 적용했다.

여섯 번째와 일곱 번째 이그노벨상 시상식에서는 노벨상 수상자들의 왼발 석고 모형을 경매로 팔았다. 여기에서 얻은 수익은 지방 학교에서 운영하는 과학 프로그램에 기부했다.

열한 번째 시상식에서는 두 과학자들의 결혼식-진짜 결혼식-을 치름으로써 분위기가 최고조에 달했다. 결혼식은 다 해서 60초가 걸렸다. 눈물을 글썽이는 노벨상 수상자 네 사람과 스탈린 마스크(그해 이그노벨 평화상을 탄 테마파크 '스탈린 월드'의 창설자를 기리기 위해)를 쓴 40명을 포함하여 1,200명의 하객이 참석했고 결혼 실황은 모두 인터넷으로 생중계되었다. 방귀 냄새가 빠져나가기 전에 숯 필터로 제거하는 밀폐형 속옷을 개발한 벅 와이머(Buck

Weimer)가 신혼부부에게 속옷을 한 벌씩 선물하고 사용 방법을 설명해 주기도 했다. 그날 밤 늦게 샌더스 시어터를 떠나면서 신부 어머니는 희색이 만면한 얼굴로 이렇게 말했다. "내 딸을 위해 준비했던 결혼식과는 완전히 달랐지만…… 이게 더 낫네요."

매년 시상식 내내 너무 많은 일들이 진행되고 너무 많은 사람들이 연설을 하는 통에 우리는 심각한 문제에 직면하게 되었다. 도무지 말을 끝낼 수 없거나 끝내려고 하지도 않는 사람들을 어떻게 하면 최대한 정중하게 무대 아래로 끌어내릴까 하는 것이었다. 그러다 30초 길이의 하이젠베르크 확정성 강연회를 성공적으로 치르면서 종합적인 해결책을 찾았다. 1999년에 우리는 '미스 스위티 푸(Miss Sweetie Poo)'라고 불리는 위대하고 혁신적인 기술을 도입했다.

미스 스위티 푸는 너무나 귀여운 여덟 살짜리 소녀다. 강연자가 자기에게 주어진 시간을 넘겼다고 생각되면 미스 스위티 푸는 강연자에게 다가가 그의 얼굴을 올려다보며 이렇게 말한다. "그만하세요. 지루해요. 그만하세요. 지루하단 말이에요. 그만해요. 지루하다고요." 미스 스위티 푸는 강연자가 결국 포기할 때까지 이 말을 무한 반복한다.

미스 스위티 푸는 매우 효과적이다. 미스 스위티 푸가 시상식에 등장하면서부터 시상식 시간이 그전보다 40퍼센트나 짧아졌다. 미스 스위티 푸는 우리의 가장 위대한 발명품이다.

전 세계 각국에서 이그노벨상에 대한 보도가 점점 늘어나고

있다. 그래서 우리는 멀리 있는 사람들도 이그노벨상 시상식을 볼 수 있게끔 노력해 왔다. 그 결과 1993년부터는 미국 공영 라디오 방송인 NPR(National Public Radio)이 매년 북미 전역에 시상식을 중계하기 시작했고 다섯 번째 시상식이 열린 1995년부터는 인터넷으로 시상식을 생중계하고 있다. 몇 년 동안 우리의 텔레비전 방송 엔지니어는 하버드 대학교 졸업생이자 유죄 선고를 받은 중죄인 로버트 태펀 모리스(Robert Tappan Morris)였다. 그가 만든 컴퓨터 파괴 프로그램은 인터넷 전체에 재앙을 가져왔고 그는 사이버 공간에서 유명해진 첫 번째 범죄자가 되었다. 「황당무계 연구 연보」 홈페이지(www.improbable.com)에서 비디오와 하이라이트 영상을 볼 수 있다.

내년 이그노벨상 수상자로 누군가를 추천하려면 먼저 어떤 사람이 이 상을 받을 만한지를 알아야 할 것이다.

이그노벨상 시상식 선도 위원 V칩 모니터

우리는 이그노벨상 시상식에서 위엄과 교양이 있는 분위기를 유지하려고 열심히 일하고 있다. 관중들은 일정한 감수성을 지니고 있다. 그것이 정확히 무엇인지는 확신할 수 없지만 말이다. 관중 가운데는 어린아이들도 있고 아주 나이 많은 할아버지 할머니도 있다. 성직자들도 있고 예민한 과학자들도 있다. 어떤 이들은 샌더스 시어터에 앉아서, 어떤 이들은 인터넷 중계방송을 통해서, 또 어떤 이들은 라디오에 딱 붙어서 시상식을 보고 듣는다.

우리는 관중들이 눈과 귀, (인터넷으로 보는 경우에는) 손가락 끝으로 불쾌감을 느끼는 일이 없도록 하기 위해 규칙을 지키도록 단속하는 사람을 고용했다.

윌리엄 J. 멀로니(William J. Maloney)는 뉴욕의 걸출한 변호사로 매년 휴가를 내고 매사추세츠 주 케임브리지를 향해 북쪽으로 400킬로미터를 운전해서 온다. V칩(V-chip : 미성년자가 폭력·음란물을 보지 못하도록 TV에 장착하는 소자를 말한다-옮긴이) 모니터로서 자신의 임무를 감당하기 위해서 말이다. 값싼 양철 나팔과 작은 깃발, 잘 만든 신사복으로 무장했으며 기품이 흘러넘치는 V칩 모니터 윌리엄 멀로니는 누군가 불쾌감을 줄 행동을 할 것 같으면 즉시 중지시킨다.

이그노벨상 위원회는 윌리엄 멀로니에게 이 책의 독자들을 위해서도 그의 임무를 수행해 달라고 부탁했다. 다음은 그가 독자들에게 전하는 말이다.

"V칩 모니터로서, 혹은 이 단어가 더 마음에 든다면 검열관으로서, 저의 임무이자 유일한 즐거움은 관중이 가장 보고 싶어 하고 듣고 싶어 하는 것을 보지 못하고 듣지 못하게 막는 것입니다. 이따금 제가 끼어들 때마다 사람들은 대개 작은 목소리로나마 적개심을 보입니다. 손에 쥐고 있던 사탕을 빼앗긴 어린아이처럼 사람들은 제가 아주 기막히고 놀라운 재미를 빼앗는다고 생각하기 때문입니다.

하지만 1996년 시상식에서 제가 먼저 나서서 저지하지 않고 공기를 주입하는 섹스 인형을 통해 임질이 전염되는 과정을 시연하게끔 허용했더라면, 과연 관중은 즐거워했을까요, 아니면 외면했을까요? 2001년 시상식에서 방귀 냄새가 속옷 밖으로 새어 나가기 전에 제거할 수 있다는 벅 와이머의 밀폐형 속옷이 제대로 기능하는지 확인하기 위해 관중들이 정말 냄새를 맡아 봤어야 했을까요? 저명한 과학자들, 노벨상 수상자들이 거대한 인공 부속물로 코를 후비고, 역시 괴상한 비율의 인공 부속물로 키와 성기 길이, 발 크기의 상관관계를 증명하는 모습을 보면서 즐거워해야 할까요? 문명사회라면 1997년 이그노벨 평화상을 기념하여 시연하려고 했던 것처럼, 살아 있는 존재가 다양한 사형 집행 시 경험할 수 있는 고통을 관중들이 지켜보며 즐거움을 느끼지 않게 막아야 하는 것 아닙니까? 뚱뚱한 사람이 정말 화장실을 무너뜨릴 수 있는지 알아보기 위해 그 과정을 지켜볼 필요가 있을까요?

이제까지 나열한 것은 제가 괴팍한 행위들로부터 관중을 보호했던 무수한 사례 중 일부에 지나지 않습니다. 잘 생각해 보면 가장 열렬하게 저를 비난하는 비판자들조차 이그노벨상 시상식의 품위를 지키는 데 저의 임무가 절대적으로 필요하다는 사실에 동의할 겁니다. 과학은 순수하고 건전하지만 과학에 종사하는 사람들, 특히 이그노벨상을 수상할 만한 업적을 이룬 사람들은 갈수록 생각과 행동이 불결해지기 쉬운 것 같습니다. 다행히도 V칩 모니터가 당신의 눈과 귀, 손가락 끝에 불쾌감을 줄 수 있는 것들을 사전에 차단하기 위해 대기하고 있습니다."

V칩 모니터는 경고도 한다.

"이 책을 쭉 훑어 보고 한 가지 결론에 도달했습니다. 이 책은 어떤 연령의 독자들에게도 적합하지 않습니다. 이 책에는 불쾌하고 비위에 거슬리는 그림과 단어, 문구, 생각 들이 가득합니다. 이 책을 사지 말라고 얘기하고 싶습니다. 벌써 사 버렸다면 읽지 마십시오. 이 책을 가지고 있다는 사실이 알려지면 당신은 사람들에게 조롱거리가 되고 사회적으로 추방을 당하고 말 겁니다. 상당한 노력을 기울이면 불쾌감을 주지 않는 책이 될지도 모르지만, 특별히 좋은 책이 될 수는 없을 겁니다. 이 글 다음에 나오는 페이지들을 다 없애 버려야 합니다. 책에 나오는 그림에는 테이프를 붙여야 합니다. 저는 제 개인 서재에 있는 책에 이런 불투명한 접착테이프 붙이는 걸 즐기는 편입니다. 테이프를 뜯어내려고 하면 그 아래에 있는 그림도 망가지게 되죠."

이그노벨상을 둘러싼 논쟁

이그노벨상은 논쟁이 없었던 적이 없다. 영국 정부에 과학 자문을 해 주는 로버트 메이(Robert May) 경은 주최 측에 앞으로 영국 과학자들에게는 이그노벨상을 수여하지 말아 달라고 요청했다. 심지어 과학자들이 이그노벨상을 받고 싶어 하더라도 주지 말라고 그랬다. 로버트 메이 경은 분기충천해서 이그노벨상 위원회에 두 번이나 편지를 보냈고 나중에는 언론과 인터뷰를 했다. 그러나 그가 기대했던 것과는 다른 반응이 나왔다. 다음은 영국 과학 잡지 「화학과 산업(Chemistry & Industry)」이 1996년 10월 호에 실은 기사 전문이다. 「화학과 산업」의 허락을 받아 여기에 그대로 옮겼다.

우리는 즐거웠다

　영국의 최고 과학 고문 로버트 메이는 점잔이나 빼고 흥을 깨는 사람
인가? 로버트 메이는 최근 일종의 노벨상 패러디로 제대로 안정된 이그노
벨상을 비판했는데, 이는 영국 과학계가 과학 자체를 너무 진지하게만 취
급한다는 사실을 확인해 주는 듯하다.

　「네이처(Nature)」지와의 인터뷰에서 로버트 메이는 이그노벨상이 '진
짜' 과학 프로젝트를 비웃게 만드는 역효과를 낼 위험이 있다고 경고한다.
이그노벨상은 반(反)과학이나 의사(擬似) 과학에만 초점을 맞추고 "진지
한 과학자들은 열심히 일하도록 내버려 둬야 한다."는 것이 그의 주장이
다. 그의 분노는 작년에 흠뻑 젖은 시리얼을 연구해 이그노벨상을 수상한
영국 식품 학자들에 관한 당혹스러운 언론 보도에서 비롯되었다.

　그러나 이런 푸념에는 몇 가지 결함이 있다. 첫째, 어떤 과학자가 '진지'
한지 결정하는 것은 로버트 메이 같은 관료들이 관여할 사안이 아니다.
몇몇 연구자들에게 그들은 놀림당할 만한 사람이 아니니까 이그노벨상
따위는 무시해 달라고 요청하는 것 또한 메이의 일이 아니다(좋은 과학자
건 나쁜 과학자건 실제로 놀림감이 되지도 않는다).

　둘째, 이그노벨상은 학계에 의해, 학계를 위해 조직되었다. 따라서 로버
트 메이가 이그노벨상과 비교하는 황금 양털상(Golden Fleece Award : 미
국에서 대표적인 예산 낭비 사업에 수여하는 상 ─ 옮긴이)과는 근본적으
로 다르다. 이그노벨상은 과학이 자기 자신을 보고 웃게 만든다.

　셋째, 진실로 '진지한' 과학자들의 업적은 코미디 프로그램이나 타블로

이드 신문 때문에 당하는 순간적인 무안함 따위는 잘 이기고 견디어 낸다. 물론 다른 과학자들 역시 그들의 업적을 '진지한' 것으로 받아들일 때만 통하는 얘기지만 말이다. 갑작스러운 스포트라이트를 받은 과학자들이 자신들의 연구가 재정 지원을 받을 가치가 있다는 것을 설명하는 데 많은 시간과 노력을 기울여야 한다면, 이는 좋은 일이고 더 자주 일어나야 하는 일이다.

마지막으로, 보도에 따르면 로버트 메이는 이그노벨상 주최자들이 먼저 수상자들의 동의를 받았어야 했다고 주장한다. 그런데 작년에 상을 받은 영국 과학자들은 이그노벨상을 수상하는 데 동의했다. 따라서 로버트 메이의 불평은 명백하게 과녁을 벗어난 것이다. 게다가 이그노벨상은 사전 동의를 받는 것으로는 대중 매체의 장난을 피할 수 없다는 것을 이미 입증했다. 이그노벨상 주최자로서 마크 에이브러햄스는 로버트 메이에게 이렇게 지적한다. "좋은 것이든 나쁜 것이든 이그노벨상에는 영국 타블로이드와 TV 코미디언들이 비웃지 않을 것들이 거의 없습니다."

로버트 메이의 주장은 이그노벨상이 유해하다는 사실을 확인시키기는커녕 그와 영국 과학계가 성마르고 유머가 없다는 사실만 부각시키고 말았다. 그는 불쾌함을 재해로 착각하고 점잔 빼는 것을 진지한 것으로 착각했다. 그리고 이그노벨상의 요점과 과정, 즐거움을 오해했다. 이 주제와 관련하여 과학자들과 그 밖의 사람들은 이 과학 자문 위원이 건네는 무분별한 견해를 거부해야 한다.

영국 과학자들이 앞으로도 오랫동안 영예로운 이그노벨의 명단에서 정당한 자리를 차지하기를.

1995년에 잉글랜드 노퍽 주 노리치에 사는 과학자 두 사람이 이그노벨상을 수상하자마자 로버트 메이는 즉각적으로 불평을 터뜨렸다. 이들은 "수분 함량이 아침 식사용 시리얼 플레이크의 압밀(壓密) 작용에 미치는 영향」이라는 제목으로 발표한 논문에서 흠뻑 젖은 시리얼에 대한 정밀한 분석을 보여 주었다."는 이유로 수상의 영예를 안았다. 같은 해에는 닉 리슨(Nick Leeson)이 영국 베어링스 은행을 파산시킨 공로로 이그노벨 경제학상을 받기도 했다.

로버트 메이가 일련의 소동을 일으키긴 했지만 영국인이 이룬 높은 성과에 지대한 관심을 보이는 이그노벨상 위원회를 막지는 못했다. 또한 앞으로도 미래의 수상자들이 세계 무대에서 그들의 특별한 지위를 받아들이는 것을 막지 못할 것이다.

1996년에는 애스턴 대학교의 로버트 매슈스(Robert Matthews)가 버터 바른 토스트는 버터 바른 쪽이 바닥으로 떨어지는 경우가 많다는 사실을 밝혀내어 이그노벨 물리학상 수상자로 선정되었다. 영국 고위 과학 관료라는 자신의 공적인 지위에도 아랑곳하지 않고 로버트 매슈스는 기쁘게 기꺼이 이 상을 받아들였다. 1998년에는 뉴포트의 로열 귄트 병원 의사 세 명이 경고성 의학 보고서 「5년 동안 자신의 손가락을 찔러 악취를 맡은 남자」의 주인공인 익명의 환자와 함께 이그노벨 의학상을 공동으로 수상했다.

사실 영국은 1992년부터 매년 최소한 한 명 이상의 수상자를 배출했다. 이그노벨상 후보에 오르는 영국인들이 너무 많아서 매년 영국인으로만 열 명의 수상자를 채우는 것도 어렵지 않을 정도다. 그렇다고 영국만 그런 것은 아니다. 다른 나라들도 마찬가지다. 이그노벨상을 향한 끝없는 경쟁에서 후보자의 명성 따위는 아무 쓸모가 없다. 과거의 영광에 기댈 수 있는 국가도 없고 그래서도 안 된다.

이그노벨상의 시작

이그노벨상 시상식은 내가 뜻밖에 「재현할 수 없는 결과에 관한 저널(Journal of Irreproducible Results)」이라 불리는 잡지 편집자가 되고 얼마 지나지 않아 시작되었다. 이 잡지는 뛰어나고 아주 재미있는 이스라엘 과학자 알렉스 콘(Alex Kohn)과 해리 립킨(Harry Lipkin)이 1955년에 창간했다. 그러나 결국 다른 사람들의 손에 넘어갔고 거의 폐간 위기에 내몰릴 만큼 쇠퇴하고 말았다. 1990년에 나는 한 번도 본 적이 없는 이 잡지가 아직 존재하는지 알아보려고 기사 몇 편을 우편으로 보냈다. 아직 건재하다면 과연 내 기사를 실어 줄 것인지도 알고 싶었다. 몇 주 후에 잡지 발행인이라는 남자로부터 전화가 걸려 왔다. 내가 보낸 기사들을 잘 받았고 내가 그 잡지의 편집자가 되어 주길 바란다는 내용이었다.

과학 잡지, 그것도 재미있는 과학 잡지 편집자로서 나는 내 도움을 받아 노벨상을 받으려는 사람들에게 포위되다시피 했다. 그럴 때마다 나는 그럴 만한 영향력이 없다고 설명했다. 하지만 사람들은 변함없이 나를 붙잡고 자기들이 무슨 일을 해냈는지 왜 노벨상을 받을 만한지 이야기를 늘어놓았다. 어떤 경우에는 그들이 맞았다. 정말로 상을 받을 만했다. 노벨상은 아니지만 말이다.

그래서 도와 달라고 말할 수 있었던 모든 사람들과 더불어 나는 이그노벨상 시상식을 시작했다. 알렉스 콘은 몇 년 전에 해리 립킨과 함께 떠올렸던 가공의 상의 이름인 '이그노벨'을 그대로 따 쓰자고 제안했다.

이그노벨상은 더할 나위 없이 바보 같거나 시사하는 바가 많은 무언가를 해낸 사람에게 주기로 했다. '다시는 할 수도 없고 해서도 안 되는 업적'을 이룬 사람에게 말이다. 이러한 업적들 중에는 놀랍도록 바보 같은 또는 소름끼치게 바보 같은 것도 있을 것이었다. 어떤 것들은 바보스러울 만큼 훌륭하고 심지어 중요한 것으로 판명될지도 모를 일이었다. 몇 가지는 과학적인 성과에 대해 시상을 하고 그 밖에 경제학, 평화 등 다른 분야에 대해서도 시상을 하기로 했다. 일곱 명의 수상자를 선정했고 시상식에 와 달라고 초대했다(하지만 이 부분에는 다들 서툴러서 연락이 닿은 사람은 몇 사람뿐이었다). 첫 해에 우리는 실제가 아닌 가짜 업적에 대해서도 수상자 셋을 선정했다.

그리고 1991년 10월, 첫 이그노벨상 시상식을 열었다. 아무리 따져 보아도 수상자 열 명 중 진짜 업적을 이룬 사람들이 가짜들보다 훨씬 낫다는 게 바로 드러났다. 그래서 다음 해부터는 분명한 증거가 있는 진짜 업적을 이룬 실제 인물들에게게만 이그노벨상을 시상해 왔다.

어쨌거나 잡지 발행인이 조직을 재편성하게 되었고 과학 유머 잡지를 계속 발행할 이유가 없다는 게 분명해졌다. 잡지가 폐간되는 것을 지켜보느니 편집진들이 모두 남아서 즉시 새로운 잡지를 시작하기로 했다. 그것이 바로「황당무계 연구 연보(Annals of Improbable Research, AIR)」이다. 노벨상 수상자 네 사람이 낄낄거리면서 내가 AIR의 수장(首長)이라는 사실을 돌아가며 알려 왔던 그날의 즐거운 기억을 아직도 간직하고 있다(AIR의 수장, 즉 AIRhead는 멍텅구리를 의미한다 - 옮긴이).「황당무계 연구 연보」는 이그노벨상의 자랑스러운 고향이다.

이그노벨상을 받거나 주고 싶다면

수상자 선정의 공식 기준
이그노벨상은 '다시는 할 수도 없고 해서도 안 되는 업적'을 이룬 사람에게 주어진다.

수상자 선정의 비공식 기준
수상자가 이룬 업적은 반드시 바보 같으면서도 시사하는 바가 많아야 한다.

후보 추천을 할 수 있는 사람

아무나.

상을 받을 자격이 있는 사람

어디에 있는 누구든지 가능하다. 모든 사람이 자신은 범상치 않은 생각을 가지고 있으며 그것을 실행에 옮기겠다고 맹세한다. 이그노벨상을 수상하는 사람들 역시 아주 범상치 않은 생각을 가지고 있다. 그러나 그들은 맹세하는 수고 따위는 하지 않는다. 바로 실행에 옮길 뿐이다. 신발과 배, 양배추와 수컷 흰개미, 원심력 응용 출산 기계와 거머리 식욕 촉진제, 차(茶)를 만드는 종합적이고 기술적인 설명서 초안, 환자들의 직장(直腸)에서 발견한 이물질 분류 등 그 어떤 것으로도 이그노벨상을 수상할 수 있다. 이것들 중 대부분은 실제로 이그노벨상을 받았다. 전혀 모르는 사람을 추천해도 되고 동료, 상사, 배우자, 자기 자신을 추천해도 된다. 개인을 추천할 수도 있고 단체를 추천할 수도 있다.

상을 받을 자격이 없는 사람

가공의 인물이나 그의 존재와 업적을 입증할 수 없는 사람.

시상 분야

일단 수상자들이 선정되면 각각 특정한 분야로 분류된다. 매년 수상자가 나오는 분야는 생물학, 의학, 물리학, 평화, 경제학 부문이다. 안전 공학, 환경 보호 같은 다른 분야들은 그때그때 특정 수상 업적의 성격에 맞춰 만들어진다. 사실 이그노벨상 수상자들을 특정 분야 안에 가두는 것 자체가 불가능하다(그러나 이그노벨상 수상자들을 감옥에 가두는 것이 불가능하지는 않다. 일례로 경제학상을 받은 많은 수상자들이 5년에서 15년 형을 받고 수감 생활을 하느라 시상식에 참석하지 못했다).

좋은 점과 나쁜 점

매년 10개의 이그노벨상 중 절반 정도가 대부분의 사람들이 훌륭하다고 말할 만한 업적에 돌아간다. 바보 같을지는 몰라도. 나머지 반은 어떤 사람들의 눈에는 덜 훌륭해 보이는 업적에 돌아간다. '좋다' 혹은 '나쁘다'는 판단은 전적으로 그것을 바라보는 사람의 시각에 달린 것이다.

추천 방법

추천하는 후보가 누구인지 어떤 업적을 이뤘는지 설명할 수 있는 정보를 모아라. 그 후보가 이그노벨상을 받을 만한지 즉각적으로 분명하게 판단할 수 있는 정보를 충분히 모아야 한다. 필요한 경우 심사위원이 더 많은 정보를 찾아볼 수 있는 곳을 명기하고 (알고 있다면) 후보자와 연락할 수 있는 연락처를 남겨라. 아래 주소로 보내면 된다.

IG NOBEL NOMINATIONS

c/o ANNALS OF IMPROBABLE RESEARCH

PO BOX 380853

CAMBRIDGE MA 02238 USA

E-mail : air@improbable.com

자료를 보내고 나서 답변을 받고 싶다면 이메일 주소나 우표를 붙인 봉투를 함께 보내라. 익명으로 추천하고 싶다면 그래도 된다. 일반적으로 이그노벨상 위원회는 관련 기록을 잃어버리거나 폐기하는 편이다.

더 자세한 정보를 얻으려면 「황당무계 연구 연보」 홈페이지 (www.improbable.com)를 방문하라.

이 책을 읽는 방법

이 책은 큰 소리로 읽지 않으면 안 된다. 동승한 사람들의 교화를 위해 엘리베이터에서 큰 소리로 읽는 것도 좋다. 기차와 버스, 지하철, 대기실도 좋은 장소다. 만일 지루한 주간 회의가 있는 집단에서 일을 하고 있다면 회의 시간에 매주 한 부분을 낭독하는 것도 좋다. 회의를 일찍 끝내는 수단으로 유용할 것이다. 그 이야기를 듣고 나서도 일정과 예산에 관해 토론하고 싶어 하는 사람은 아무도 없을 것이다. 당신이 교사라면 교실에서 이 책의 한 부분을 크게 읽어라. 영감을 주는 이야기로든 실제 생활에 교훈을 주는 이야기로든 유용할 것이다.

앉은 자리에서 처음부터 끝까지 다 읽어 버리지는 마라. 다음 며칠 동안 너무 흥분해서 혹은 너무 지쳐서 잠을 자지 못할 수도 있다.

특히 '뭐든 삼키는 인체의 블랙홀, 직장(直腸)' 부분은 먼저 읽지 말고 마지막까지 남겨 두라. 사람들 앞에서 큰 소리로 읽을 생각이라면 더욱더 그렇게 해야 한다.

이그노벨상 수상자들은 모두 이 책에서 말하는 것보다 훨씬 더 깊이 있고 흥미를 자아내는 이야기를 가지고 있다. 더 자세한 정보를 찾고 싶으면 다음을 참고하라.

「황당무계 연구 연보」 홈페이지에 가면 (대부분의 경우에) 수상자들의 홈페이지와 출판된 인쇄물, 언론 기사에 접속할 수 있는 링크가 걸려 있다. 또한 이그노벨상 시상식 비디오도 볼 수 있고 NPR 프로그램 〈이라 플래토우와 함께하는 국민의 소리/금요 과학(Talk of the Nation/Science Friday with Ira Flatow)〉에서 방송한 이그노벨상 시상식 중계에 접속할 수 있는 링크도 연결되어 있다.

우리는 또한 「황당무계 연구 연보」라는 잡지와 이 잡지의 축소판으로 매월 무료 발송되는 뉴스레터를 통해 이그노벨상 수상자들의 계속되는 모험을 전하고 있다.

이 책을 읽은 후에는 다음 두 가지 일을 해 보는 것도 흥미로울 것이다. 첫째, 특정한 이그노벨 수상자들에게서 받은 감상과 당신이 평소 그의 판단에 동의한다고 생각해 왔던 사람에게서 받은 감상을 비교해 보라. "둘 중 어느 쪽이 더 훌륭하고 어느 쪽이 더 가증스러운가?"라는 질문은 한 사람의 견해와 인격 간의 예상치 못한 차이를 드러내 줄 것이다.

둘째, 연도별 이그노벨상 수상자 명단을 정독하라. 그중 한 해를 뽑아라. 그리고 수상자들이 이그노벨상 시상식에서 만났을 때 어떤 것들을 논의했을지, 그들이 이룬 성과를 결합하는 것에 관해 어떤 이야기를 나눴을지 잠시 생각해 보라. 일례로 1999년 시상식에서는 특별히 영감 넘치는 논의가 있었다.

본문으로 들어가기 전에 마지막으로 한마디만 더 하겠다. 이 사람들과 그들이 이룬 업적은 모두 진짜다. 믿기 어렵다면—아마도 그럴 것이다—아까 그 참고 목록을 활용하라. 자, 이제 시작해 보자.

의학과 보건 부문

방울뱀에게 물리고 감전사할 뻔한 남자

뱀에 물려서 생긴 중독 증상을 치료하고자 높은 전압의 전기 충격 요법을 사용하는 것이 최근 미국에서 큰 인기를 얻고 있다. 우리는 그레이트바신 방울뱀(학명 Crotalus viridis lutosus)에 물린 중독 환자의 얼굴에 위험하면서 효과도 없는 전기 충격 요법을 가한 사례를 보고하고자 한다.

– 다트와 구스타프손이 발표한 연구 보고서 중에서

공식 발표문

이그노벨 의학상은 두 부분으로 나누어 수여한다. 첫 번째 수상자는 환자 X이다. 이 용감한 희생자는 전직 해병으로 애완용 방울뱀에 물려 중독되었다. 우리는 환자 X가 마음을 굳게 먹고 직접 시행한 전기 충격 요법에 대해 이 상을 수여하고자 한다. 환자 X는 본인 의지로 자동차 배터리에 연결된 플러그를 입술에 붙이고 차량 엔진을 5분 동안 3,000알피엠(rpm)으로 회전시켰다. 두 번째 수상자는 록키 산 독극물 센터(Rocky Mountain Poison Center)의 리처드 C. 다트(Richard C. Dart) 박사와 애리조나 대학 보건학 센터(University of Arizona Health Sciences Center)의 리처드 A. 구스타프손(Richard A. Gustafson) 박사다. 우리는 두 사람이 작성한 충실한 의학 보고서 「방울뱀에 물린 중독 환자에 대한 전기 충격 요법의 실패」에 대해 이 상을 수여하는 바이다.

이들의 논문은 1991년 6월 6일 「응급 의학 연보(Annals of Emergency Medicine)」 20권 6호 659~661쪽에 실렸다.

미 해병대 출신의 한 남자는 이 실험을 통해 "책에서 읽은 내용을 모두 다 믿어서는 안 된다."는 교훈을 얻었다. 이와 같은 교훈을 얻기까지 애완용 방울뱀과 자동차, 지나치게 협조적인 친구, 구급차, 헬기, 식염수 주사액 몇 리터, 다량의 의약품, 수많은 의료진이 동원되었다.

이 의문의 남자를 보고서에서 명명한 대로 '환자 X'라고 부르기로 하자. 환자 X는 자신의 애완용 독사에게 약 열네 번이나 물리고 나서 자기 딴에는 최선을 다해 운 나쁘게 생길 수 있는 열다섯 번째 사건에 대한 예방 조치를 취했다.

방울뱀에게 물리면 생명이 위태로워질 수 있지만 대개 정해진 치료법이 있다. 바로 항사독소(Antivenin, 抗蛇毒素)라는 물질을 주사하는 것이다. 방울뱀에 물린 환자가 물린 즉시 충분한 양의 항사독소를 투여받으면 대부분의 경우 효과가 나타난다. 그런데 환자 X는 자기가 가진 어떤 확신에 근거하여 일반적인 치료법 대신 대체 요법을 사용하기로 했다.

환자 X는 한 남성 잡지에서 강력한 대체 요법을 다룬 기사를 읽었다. 다름 아닌 효과 만점의 강력한 전기 충격 요법에 관한 것이었다. 높은 전압은 필수라고 쓰여 있었다. 기사는 자칭 전문가 몇 사람의 말을 인용해 전기 충격용 총을 사용하라고 추천했고 중독 치료를 목적으로 특별 제작된 전기 충격용 총을 판매하는 회사도 소개해 주었다. 환자 X와 그의 친구는 만에 하나라도 방울뱀에게 물리면 적극적으로 감전시켜 서로 목숨을 구해 주기로 약속했다.

그러나 이 간단한 예방책은 번거로운 사후 치료보다 못했다. 호미로 막을 걸 가래로 막는 결과를 가져온 것이다.

환자 X가 자신의 애완용 뱀과 즐거운 시간을 보내던 어느 날, 그 배은망덕한 뱀이 송곳니로 주인의 윗입술을 물어 버렸다.

환자 X의 친구는 즉시 행동을 취했다. 전에 약속한 대로 그는 환자 X를 자동차 옆 땅바닥에 눕힌 다음 X를 자동차 전기 장치에 연결했다. 친구는 작은 금속 집게를 이용해 점화 플러그 연결선을 환자 X의 입술에 붙였다. 그리고 자동차 엔진의 분당 회전수를 3,000알피엠까지 올렸다. 전기 치료 효과를 극대화하기 위해 엔진 회전수를 5분 동안 충분히 유지했다. 의학 보고서는 당시 환자 X의 상태를 다음과 같이 기술하고 있다.

"환자는 첫 번째 전기 충격으로 의식을 잃었다. 구급차가 약 15분 후에 도착했을 때 의료진은 환자가 의식 불명이고 대소변을 통제하지 못하는 상태임을 확인했다."

구급차에 타고 있던 구조대원들은 헬리콥터를 요청했다. 헬기로 이송하는 중에도 환자 X는 약간 정신이 돌아올 때마다 의료진의 치료를 거부했다.

병원에 도착하자마자 찍은 사진에서 환자는 "얼굴이 엄청나게 부어서 흉부까지 늘어났고 눈 주위와 흉부 위쪽에는 반상 출혈이 있었다." 환자 X는 너무 많이 구워 버린 감자 같았다. 당시 투손에 위치한 애리조나 대학 보건학 센터의 독극물 및 약물 정보 센터에서 근무하고 있던 리처드 다트 박사와 리처드 구스타프손 박사가 이 환자를 맡아 치료하게 되었다. 환자 X에 대한 치료는

길고도 복잡했다.

환자 X가 1순위로 선택한 치료법에 관하여 두 사람은 다음과 같이 말했다. "수많은 시도가 있었지만, 아직까지 미국 연구자들은 전기 충격 요법의 효과를 증명하지 못하고 있습니다. 아주 이상적인 조건에서 시행했을 때조차도 이렇다 할 효과가 없었습니다. 심지어 환자의 상태를 악화시키는 역효과를 내기도 했습니다."

열렬한 회복 의지에도 불구하고 환자 X는 상당한 의학적 치료를 거친 후에야 완전히 회복될 수 있었다. 다트 박사와 구스타프손 박사는 교훈적이고 전문적인 내용의 이 사례를 「응급 의학 연보」에 발표했다.

뱀에 물렸을 때 받아야 할 치료법을 널리 알린 공로를 인정받아 환자 X와 그의 생명을 구한 두 의학 박사는 1994년 이그노벨상을 공동 수상했다.

다트 박사는 이그노벨상 시상식에 직접 참석하지는 못했지만 수상 소감을 테이프에 담아 보냈다. 그의 수상 소감을 들어 보자.

"이 상을 받게 되다니 기절할 지경입니다. 그래도 저희 환자만큼은 아닐 겁니다."

환자 X에 대한 다트와 구스타프손의 보고서는 방울뱀이 많이 서식하는 지역에서 대중 보건을 담당하는 공무원들의 공무 수행 방법을 변화시켰다. 일반인을 상대로 하는 공익 광고에 '금지 사항' 한 가지가 새롭게 추가된 것이다. 오클라호마 독극물 통제 센

터의 지침이 그 전형적인 예이다. 여기에는 다음과 같은 사항들이
포함되어 있다.

- 당신을 문 뱀을 잡거나 죽이기 위해 아까운 시간을 낭비하
지 말 것. 종류를 확인하는 것이 도움은 되겠지만 반드시 필
요한 사항은 아님.
- 지혈대를 사용하지 말 것.
- 상처를 얼음찜질하거나 더운찜질하지 말 것.
- 뱀에 물린 환자에게 진정제나 술을 주지 말 것.
- 전기 충격용 총을 사용하거나 전기 충격을 가하지 말 것.

질풍노도와도 같은 코 파기

연구 배경 : 리노틸렉소마니아(Rhinotillexomania)는 강박적인 코 파기를 일컫는 신조어다. 이제껏 일반 대중의 코 파기 행태를 다룬 문헌은 거의 없었다.

연구 방법 : 우리는 4개 학교에서 200명의 학생을 표본 삼아 코 파기 행태에 대해 연구했다.

연구 결과 : 거의 모든 조사 대상이 하루 평균 4회 정도 코를 판다고 대답했다. 조사 대상의 7.6퍼센트는 하루에 20회 이상 코를 후빈다고 답했으며 17퍼센트에 가까운 응답자들은 자신이 심각한 수준의 코 파는 버릇을 가지고 있다고 생각했다.

– 안드라데와 스리하리가 발표한 연구 논문 중에서

공식 발표문

인도 방갈로르에 위치한 정신 건강 및 신경 과학 국립 연구소(National Institute of Mental Health and Neurosciences)의 치타란잔 안드라데(Chitraranjan Andrade)와 B. S. 스리하리(B. S. Srihari)가 공중 보건 부문에서 이그노벨상을 수상했다. 코를 파는 행위가 청소년들 사이에서 보편적으로 나타나는 행태라는 사실을 밝혀낸 의학적 연구가 그 업적을 인정받았다.

두 사람의 논문은 2001년 6월 「청소년들의 리노틸렉소마니아에 관한 기초 예비 조사」라는 제목으로 「임상 정신 의학 저널(Journal of Clinical Psychiatry)」 62권 6호 426~431쪽에 실렸다.

21세기에 이르러서 뛰어난 정신 의학자 두 사람이 전 인류적인 속성을 입증했다. 두 사람이 문헌으로 증명한 이 속성은 바로 대부분의 10대들이 코를 판다는 사실이었다.

인도 방갈로르에 위치한 정신 건강 및 신경 과학 국립 연구소에서 함께 일하고 있는 치타란잔 안드라데 박사와 B. S. 스리하리 박사는 미국 위스콘신 주의 연구원들이 앞서 발표했던 한 보고서에 자극받아 연구를 시작했다. 위스콘신에서 발표된 조사 결과는 90퍼센트 이상의 성인이 활발히 코를 판다는 사실을 보여 주었다. 그러나 10대들이 어른들보다 코를 덜 파는지, 비슷하게 파는지, 더 많이 파는지에 대해서는 전혀 언급이 없었다.

안드라데 박사와 스리하리 박사는 그것을 밝혀내기로 결심했다. 그들의 목적은 진지했다. 인간의 어떤 행동이 너무 지나친 수준이라면 그 행동은 정신 의학적 질환으로 여겨질 수 있고, 이런 점에서 코 파기도 예외가 될 수 없기 때문이다. 두 박사는 보고서에서 "일반적인 코 파기 행태는 보편적이고 정상적인 습관으로 보일 수 있다. 그러나 질병으로 여길 수 있는 리노틸렉소마니아가 청소년층에 어느 정도나 존재하는지는 확인할 필요가 있다."라고 언급했다.

두 사람은 코 파기를 다룬 다른 보고서들을 살펴보면서 연구를 준비했다. 극소수를 제외하면 대부분의 보고서들은 눈에 띄게 코를 파는 개인에 대해서만 다루었으며 그들 대부분은 정신 질환

이 있었다. 안드라데 박사와 스리하리 박사는 그런 환자들의 코 파기가 만성적이고 폭력적인 성향을 가질 수 있으며 코피를 흘리는 증상과 함께 나타날 수 있다는 사실을 알게 되었다. 이 두 정신 의학자는 기글리오티(Giglliotti)와 워링(Waring)의 1968년 보고서 「자학으로 인한 코와 구개의 손상 : 사례 보고」를 연구했다. 또한 아카타르(Akhatar)와 헤이스팅(Hasting)의 1978년 보고서 「생명을 위협하는 자학적 코 훼손」도 면밀히 검토했다. 그리고 타라초우(Tarachow)의 1966년 보고서 「식분증(食糞症)과 그에 연관된 현상들」을 읽고는 "사람들은 코딱지를 먹을 뿐만 아니라 코딱지가 맛있다고 생각하기도 한다."는 내용에 혀를 내두르며 놀라워했다.

이러한 모든 사례가 안드라데 박사와 스리하리 박사의 관심을 끌긴 했지만, 사실 그것들은 두 사람이 진짜로 하고 싶어 하는 연구의 기초 자료일 뿐이었다. 어떤 집단의 '누가, 무엇을, 어디서, 언제, 왜, 그리고 어떻게' 코 파기를 하는지 파악하기 위해서는 반드시 많은 사람을 상대로 개인의 코 파기 행태를 조사하고 그 자료를 통계적으로 표본화해야 했다.

위스콘신 연구자들은 성인 집단을 표본화했다. 따라서 안드라데 박사와 스리하리 박사는 청소년을 대상으로 표본을 추출해야 한다는 사실을 잘 알고 있었다.

그들은 이번 장의 마지막 페이지에 있는 것과 같은 일련의 질문이 실린 설문지를 준비했다(여기에 실린 설문에 직접 답을 하거나 친구나 동료에게 시도해 보는 것도 재미있을 것이다).

코 파기에 대한 이런 면밀하고도 학술적이며 대단히 인간적인 연구 방식 덕분에 안드라데와 스리하리 박사는 2001년 공중 보건 부문에서 이그노벨상을 수상했다.

안드라데 박사는 시상식에 참석하기 위해 인도 방갈로르에서 매사추세츠 케임브리지까지 자비를 들여 먼 길을 날아왔다. 이그노벨상을 수상하며 그는 말했다.

"저뿐만 아니라 저로 인해 기뻐하는 다른 모든 사람들을 대신하여 올해 이그노벨상 공중 보건 부문을 수상하게 되어 매우 기쁘다고 말씀드리고 싶습니다. 제 연구는 …… 여러분은 믿기 힘드시겠지만, 잠시만 주목해 주십시오. …… 제 연구는 리노틸렉소마니아를 다루고 있습니다. 이것은 강박적인 코 파기를 일컫는 매우 공들인 용어입니다.

여기 계신 여러분 모두 잘 아시는 것처럼 청소년기에는 어떤 일들을 습관적으로 하곤 했습니다. 저는 여러분에게 정신 질환 수준의 습관이 없었길 바랍니다. 예를 들면 트리초틸로마니아(trichotillomania)라고 불리는 강박적인 머리 뽑기라던가, 오니초파지아(onychophagia)라고 불리는 강박적인 손톱 물어뜯기, 또는 리노틸렉소마니아 같은 습관 말입니다.

어떤 이들은 다른 사람의 일에 코를 들이밀며 참견합니다만, 저는 제 연구를 다른 사람의 코에 들이밀어 완성했습니다. 여러분, 감사합니다."

이틀 후에 안드라데 박사는 이그노벨 비공식 강의에서 대중들에게 연구 내용을 직접 보여 주었다. 그 자리에서 그는 연구의 세

밀한 부분까지 자세하게 설명했다. 여러 질문에 답하면서 그는 불안해하는 청중에게 일반적인 수준으로 코를 후비는 것은 지극히 정상적인 행위라고 강조했다.

인도에서 가장 유명한 일간지인 「타임스 오브 인디아(Times of India)」 1면에는 다음과 같은 헤드라인을 가진 기사가 실렸다. "아주 깊게 판 인도 과학자들, 이그노벨상 수상."

- 하루 평균 몇 번이나 코를 후비는가?
- 종종 공공장소에서도 코를 후비는가? (예, 아니오로 답하시오.)
- 무슨 이유로 코를 후비는가? (보기 중 해당하는 내용에 모두 표시하시오.)
  - □ 막힌 콧구멍을 뚫으려고
  - □ 불편함이나 가려움을 해결하기 위해서
  - □ 미용의 이유로
  - □ 개인위생을 위해서
  - □ 습관적으로
  - □ 그냥 재미로

- 어떻게 코를 후비는가? (보기 중 해당하는 내용에 모두 표시하시오.)
  - □ 손가락으로
  - □ 족집게 같은 도구를 이용해서
  - □ 연필 같은 도구를 이용해서

- 때때로 콧속에서 꺼낸 물질을 먹기도 하는가? (예, 아니오로 답하시오.)
- 자신이 심각한 코 파기 문제를 가지고 있다고 생각하는가? (예, 아니오로 답하시오.)

약 200명의 학생들이 이 설문 조사에 응했고 예상 밖의 놀라운 결과가 나왔다. 코 파기 행태는 모든 사회 계층에서 동일하게 나타났다. 지금까지 한 번도 코를 판 적이 없다고 대답한 학생은 4퍼센트도 안 되었다. 학생들의 50퍼센트가 하루에 4회 이상 코를 판다고 대답했고 하루에 20회 이상 코 파기에 심취한다고 응답한 학생도 7퍼센트가량이나 되었다.

응답자의 80퍼센트는 손가락만을 사용해 코를 판다고 답했다. 나머지는 도구를 사용한다고 답했는데 거의 동일한 비율로 양분되었다. 절반은 족집게를 선택했고 나머지는 연필을 선호했다.

절반 이상의 응답자가 콧구멍을 뚫기 위해서 또는 불편함이나 가려움을 해소하기 위해서 코를 후빈다고 대답했다. 미용을 목적으로 코를 판다고 응답한 사람은 약 11퍼센트였다. 그리고 이와 비슷한 수의 사람들이 단순히 재미로 코를 판다고 대답했다.

자신이 파낸 코딱지를 먹은 적이 있다고 응답한 사람은 약 4.5퍼센트에 달했다.

위의 통계 수치는 집중적으로 부각된 일부에 지나지 않는다. 코 파기에 대한 조사는 아주 풍성한 데이터를 만들어 냈다.

감기를 예방하는 엘리베이터 음악

이번 연구는 (보통 감기와 유사한) 여러 가지 질병의 발병과 진행을 예방하는 아주 솔깃하고 새로운 방법에 관하여 적어도 가능성 이상을 제시하고 있다.
— 차네스키, 브레넌, 해리슨이 발표한 사전 연구 보고서 중에서

공식 발표문

윌크스 대학의 칼 J. 차네스키(Carl J. Charnetski)와 프랜시스 X. 브레넌 주니어 (Francis X. Brenan, Jr) 그리고 워싱턴 주 시애틀에 위치한 뮤잭(Muzak) 사의 제임스 F. 해리슨(James F. Harrison)에게 이그노벨 의학상을 수여한다. 수상자들은 엘리베이터에서 나오는 음악이 면역 글로불린 항체 A(Immunoglobulin A)의 생산을 촉진함으로써 감기를 예방하는 데 도움을 준다는 사실을 발견했다.

이들의 연구 보고서는 이그노벨상을 수상하고 1년이 지난 1998년 12월에「면역 글로불린 항체 A 분비에 대한 음악과 청각적 자극의 효과」라는 제목으로「지각과 운동 기술(Perceptual and Motor Skills)」87권 3호 2부 1163~1170쪽에 실렸다.

음악이 면역 체계를 강화할 수 있을까? 빈번한 성관계를 갖는 것도 도움이 될 수 있을까? 몇 년 전 심리학과 교수 칼 차네스키는 학회에서 누군가 면역 글로불린 항체 A라는 화학 물질에 대해 언급하는 것을 듣고 즉시 야심 찬 연구를 시작했다. 그의 연구에는 면역 글로불린 항체 A, 음악, 저널리스트, 섹스, 그리고 많은 사람들의 침이 동원되었다.

면역 글로불린 항체 A의 약칭이 '이그에이(IgA)'라니 차네스키 교수에게는 사뭇 계시적이라 하겠다. 이 화학 물질은 '항체'라고 불리는 다양한 물질들 중 하나로 인간의 면역 체계가 감염이나 다른 위험 요소에 대항할 때 생성된다. 연구 동기를 밝히며 차네스키 교수는 만일 인간의 몸에 더 많은 면역 글로불린 항체 A를 생성시키는 보편적이면서도 즐거운 활동을 찾아낼 수 있다면, 이는 건강을 위한 마법의 열쇠를 발견하는 것과 같다고 말했다.

실제로 차네스키와 그의 동료 교수 프랜시스 브레넌은 면역 글로불린 항체 A를 생성할 만한 즐거운 행동들을 직접 찾아 나섰다. 그런 행동을 찾아내기란 쉬운 일이었을 것이다. 사람들의 면역 글로불린 항체 A 수준을 측정하는 작업은 손쉬운 것이기 때문이다. 침 성분만 알아보면 끝이다.

두 사람이 가장 먼저 실험한 즐거운 행동은 음악 듣기였다. 연구는 간단했다. 먼저 실험 자원자들에게 음악을 들려주고 침을 뱉게 했다.

초기 실험에서는 대학생들에게 음악을 들려줬다. 학생들은 30분 분량의 흥겹고 기분 좋은 선율을 들었다. 그다음에는 다시 30분 분량의 느리고 우울한 선율을 들었다. 기분 좋은 음악을 들으면 면역 글로불린 항체 A 수치가 높아졌고 우울한 음악을 들으면 수치가 낮아졌다.

차네스키 교수와 브레넌 교수는 이것이 고무적인 발견이라고 생각했다. 그래서 생활 속에서 훨씬 더 친숙하게 들을 수 있는 음악으로 실험을 하기 위해 엘리베이터 음악을 제작하는 세계적인 회사인 뮤잭의 제임스 해리슨과 팀을 이루었다.

이들은 사람들을 4개 그룹으로 나누고 다음과 같은 실험을 했다.

· 첫 번째 그룹은 '환경 음악(자연의 소리 등을 샘플링해서 음악으로 만든 것-옮긴이)' 또는 '스무드 재즈(smooth jazz)'라고도 불리는 음악이 녹음된 30분짜리 테이프를 들었다.

· 두 번째 그룹은 라디오를 통해 첫 번째 그룹과 같은 종류의 음악을 들었다.

· 세 번째 그룹은 30분 동안 무미건조한 음조의 딸깍거리는 소리를 들었다.

· 네 번째 그룹은 '30분간 침묵 속에 있어야 하는 대조군'이었다.

실험 후에 연구팀은 모든 사람의 침을 조사했다.

테이프로 스무드 재즈를 들은 사람들의 침에서는 면역 글로불린 항체 A의 수치가 높게 나타났지만 같은 음악을 라디오로 들은 사람들의 침은 항체 수치가 높지 않았다. 무미건조한 단음의 딸깍거리는 소리만 들었던 사람들의 침은 면역 글로불린 항체 A가 감소한 것으로 나타났다. 한편 침묵 속에 있어야 했던 대조군은 라디오를 통해 스무드 재즈를 들었던 사람들과 마찬가지로 침에 별다른 변화가 없었다.

차네스키와 브레넌, 해리슨은 이러한 발견이 '아주 중요한 의미'를 지니며 질병 예방의 새 시대를 열어 줄 것이라고 발표했다. 이렇게 감기 예방을 위해 함께 노력한 공로로 칼 J. 차네스키와 프랜시스 X. 브레넌 주니어, 제임스 F. 해리슨은 1997년 이그노벨 의학상을 수상했다.

이들은 이그노벨상을 받을 것인지 한참을 고심한 끝에 결국 시상식에 참석하지 않기로 결정했다.

이후 해리슨은 조용히 팀을 떠났지만 연구팀은 다음 단계 연구 활동을 신속하게 재개했다.

이번에는 음악이 신문사 기자들의 침에 어떤 영향을 끼치는지에 대해 연구했다. 신문사 기자들에 대한 연구는 「윌크스배러 타임스 리더(Wilkes-Barre Times Leader)」사 편집실에 근무하는 저널리스트 열 명을 대상으로 이루어졌다. 결정적이라 할 만한 연구 결과는 아니었지만 고무적이거나 적어도 공식적으로 제안할 만한 것이었다(세부 내용은 「심리학 리포트 저널(Journal Psychological Reports)」에 실린 「신문사 편집실에서의 스트레스와 면역 체계 기능」이라는 논문에 나와 있다).

그 시점에 차네스키 교수와 브레넌 교수는 음악에서 성관계로 관심을 돌렸다. 1999년에 두 사람은 성관계를 자주 갖는 대학생들이 관계를 덜 갖는 학생들에 비해 상대적으로 강한 면역 체계를 지니고 있다고 발표했다.

2년이 흐른 뒤 두 사람은 모든 연구 결과를 요약 정리하여 『좋은 게 좋은 거다(Feeling Good Is Good for You)』라는 제목의 책을 출간했다. 출판사의 홍보 문구는 책 내용을 핵심적으로 잘 보여 준다.

"대중 매체는 성관계나 웃음 등 단순한 즐거움을 주는 것들이 당신에게 얼마나 유익한지 이야기하길 좋아합니다. 그리고 당신은 그런 얘기를 듣기 좋아합니다. 하지만 즐거움을 유발하는 것이 사람의 면역력을 높이는 합법적인 의학적 예방법일까요? 말 그대로 웃음을 통해 감염을 퇴치할 수 있을까요? 여기 두 명의 연구자, 칼 차네스키와 프랜시스 브레넌은 '네.'라고 말합니다."

아홉 달을 기다린 산모들을 위한 초스피드 출산

이 기술은 원심력을 이용해 출산을 촉진하는 기계에 관한 것이다.
– 미국 특허 제3316423호 중에서

공식 발표문

작고한 조지 블론스키(George Blonsky)와 샬럿 블론스키(Charlotte Blonsky) 부부에게 이그노벨 보건상을 수여한다. 두 사람은 여성의 출산을 돕는 기계를 발명한 업적을 인정받아 수상자로 선정되었다. 이들이 발명한 기계(미국 특허 제3216423호)는 원형 테이블에 여성을 고정하고 빠른 속도로 기계를 회전시켜 출산을 돕도록 제작되었다.

출산은 시간이 오래 걸리고 몹시 고통스러운 과정이다. 뉴욕 출신의 블론스키 부부는 코끼리의 출산 모습에 영감을 받아 출산 속도를 높일 수 있는 거대한 기계 장치를 고안해 냈다. 아이러니하게도 이들 부부는 출산 경험이 없다고 한다.

숙련된 광산 기술자였던 조지 블론스키는 체질적으로 모험과 발명을 즐기는 사람이었다. 뉴욕으로 이사하기 전, 조지 블론스키와 아내 샬럿은 세계 곳곳에 금과 텅스텐 광산을 여러 개 가지고 있었다. 조지는 무언가 새로운 것을 발명하기를 무척이나 즐겼지만 자신이 구상한 모든 아이디어를 완성품으로 만들지는 못했다. 조지와 샬럿 부부는 평생 자녀를 갖지 못했지만 둘 다 아이들을 매우 사랑했고 동화책을 몇 권 쓰기도 했다. 비록 실제로 출판되지는 못했지만 말이다.

두 사람은 브롱크스 동물원을 무척 좋아했다. 어느 날 동물원에서 조지는 새끼를 밴 코끼리가 천천히 원을 그리며 빙빙 도는 장면을 우연히 목격했다. 그것은 250파운드나 되는 새끼 코끼리를 낳기 위한 일종의 준비 과정이었다.

조지 블론스키는 해부학적으로나 물리학적으로나 독특한 코끼리의 출산 준비 동작을 보고 큰 영감을 받았다. 조지는 곧바로 몇 가지 간단한 기술적인 분석을 통해 코끼리의 출산 준비 동작에 적용된 과학 원리들을 알아냈다. 그러고 나서 그는 코끼리를 통해 얻은 이 새로운 과학 기술을 인간에게도 적용할 수 있을 거라는 생각을 하기 시작했다. '그래, 분명히 사람에게도 도움이 될 거야.' 그렇게 그는 확신했다.

이렇게 해서 블론스키의 기계가 탄생하게 되었다.

조지와 샬럿은 특허 신청서에 다음과 같은 이유 때문에 자신들이 발명한 기계가 유용할 것이라고 말했다.

"선사 시대와 같은 과거에는 대부분의 여성이 단단한 근육질의 몸을 지니고 있었고 그 때문에 출산에 필요한 물리적 힘이 충분했다. 그래서 그 당시 여성들은 별다른 도움 없이도 빠른 속도로 아이를 낳았다. 하지만 현대 여성들은 출산의 과정에 도움이 되는 근육을 발달시킬 수 있는 기회가 매우 적다."

그래서 조지와 샬럿은 자신들이 '근육량이 적은 현대 여성이 출산을 빨리 할 수 있게 도와주는 기계'를 고안해 냈다고 밝혔다. 또한 그들은 이 기계가 "매우 편안하면서도 정확한 방향으로 힘을 주도록 도울 뿐 아니라 출산하는 여성이 힘들지 않도록 지지하는 기능이 있다."고 설명했다.

두 사람의 아이디어의 핵심을 요약하면 다음과 같다.

"출산 과정을 돕기 위해 태아에게 적절한 정도의 추진력을 더해 주어야 한다."

조지와 샬럿 부부는 추진력을 출산 과정에 어떻게 적용해야 할지 알아낸 것이다.

그들은 기계의 작동 원리에 대한 여덟 쪽에 이르는 상세한 설명서를 작성해서 특허 신청서에 덧붙였다. 기계는 125가지 기본 부품을 이용하여 완성된다. 볼트, 브레이크, 날개용 나사, 콘크리트 재질의 커다란 바닥재, 속도를 조절할 수 있는 수직 기어, 감속기, 도르래, 들것, 허벅지 고정대, 엉덩이 받침대, 기계의 중심을 잡아 주는 알루미늄 재질의 물 상자, 베개 고정쇠, 허리 고정기 등이 그 부속품들이다.

특허 신청서에는 이러한 부품들을 어떻게 조립해야 하는지 자세히 설명했을 뿐 아니라 그림까지 덧붙였다. 이해를 돕기 위해 각각의 부품들은 번호까지 붙여져 있다. 예를 들면 다음과 같다.

"산모의 몸이 움직이지 않도록 단단히 고정한다. 종아리 고정대(73), 허벅지 고정대(68), 허리 고정대(61), 손목 고정대(79), 벨트(82)(83)(84)를 이용하여 고정시킨다."

1965년 11월 9일, 드디어 블론스키 부부는 전미 특허 사무국(the United States Patent Office)에 특허 신청서를 제출했다. 특허 신청서에 사용된 기계의 공식 명칭은 '원심력을 이용하여 출산을 돕는 기계'였다.

출산의 엄청난 수고를 돕기 위해 독특한 기계를 발명한 공로를 인정받아 조지 블론스키와 샬럿 블론스키는 1999년 이그노벨 보건상 수상자로 선정되었다.

하지만 조지 블론스키는 1985년에 세상을 떠났고 샬럿도 이그노벨상 위원회가 수상을 결정하기 바로 한 해 전인 1998년에 사망했다.

블론스키 부부의 조카인 게일 스터트번트(Gale Sturtevant)는 하버드 대학에서 열리는 이그노벨상 시상식에 참석하기 위해 북캘리포니아에서부터 3,000마일이 넘는 거리를 여행하는 수고를 마다하지 않았을 뿐만 아니라 여행 비용을 자비로 부담했다.

스터트번트는 자신이 블론스키 부부의 모든 연구 논문을 소장하고 있으며 그들의 다양한 발명품 모델들을 창고에 보관하고 있다고 말했다. 그녀는 블론스키 부부가 원심력을 이용한 출산 기계를 완성품의 형태로 제작한 적은 없는 것으로 알고 있다고 밝혔다.

게일은 한 신문사와의 인터뷰에서 "이론적으로는 그 기계가 작동될 수 있다고 생각해요. 조지 아저씨는 제가 만난 가장 똑똑한 사람이었거든요."라고 말했다. 그녀의 남편 돈 역시 조지 블론스키는 매우 창의적인 사람이었다고 회고했다.

이그노벨상 시상식이 끝나고 며칠이 지나서 하버드 의과 대학 여성 보건 센터(Harvard Medical School's Center for Excellence in Women's Health) 소장인 안드레아 두나이프(Andrea Dunaif) 박사가 블론스키 부부가 설계한 기계에 대해 강의했다. 그는 기계의 몇 가지 기술적인 부분에 대해서는 우려를 표했지만 전반적으로 블론스키 부부가 매우 훌륭한 시도를 했다고 평가했다.

시상식이 끝난 다음 출산 예정일이 얼마 남지 않은 여러 임산부들이 이 기계에 대한 자신들의 솔직한 생각을 밝혔다. 지난 몇 달 동안 임산부들이 이그노벨상 위원회에 들려준 이야기들은 대부분 비슷했다. 그중 하나를 소개하면 다음과 같다. "다들 그 기계가 좀 엉뚱하고 우스꽝스러운 발명품이라고 생각할 거예요. 저도 사실 그렇게 생각하고 있고요. 하지만 9개월 동안 출산 예정일만 손꼽아 기다리다 보니 정말 지겹다는 생각이 들어요. 그래서 그런 기계를 정말 사용할 수 있다면 한번 써 보고 싶은 생각이 드네요."

블론스키 부부는 자신들이 고안한 기계가 산모와 아기의 안전을 최대한 보장할 수 있도록 최선을 다했다. 이 기계에는 '속도 조절기'라고 불리는 장치가 있는데 산모나 아기에게 위험 수위의 힘이 가해지지 않도록 조절하는 것이었다. 이 기계를 최대 속도로 회전시키면 중력의 7배에 달하는 힘을 가하게 된다고 한다.

참고: 제트 전투기 파일럿들도 보통 중력의 5배에 해당하는 힘을 받으면 기절한다.

코코넛 위험 경보

떨어지는 코코넛은 심각한 상해를 입힐 수 있다. 태평양 열대 지역 해안에 위치한 마을들은 키가 큰 코코넛 야자나무로 둘러싸여 있다. 이 보고서는 뉴기니에서 코코넛의 낙하 때문에 발생한 네 가지 부상 사례를 소개할 것이다. 이를 통해 떨어지는 코코넛과 사람이 충돌하는 과정에 작용하는 물리적 힘에 대해 논하고자 한다.

– 피터 바스 박사의 연구 논문 중에서

공식 발표문

이그노벨 의학상을 맥길 대학의 피터 바스(Peter Barss) 박사에게 수여한다. 수상자는 「떨어지는 코코넛에 의한 부상」이라는 인상적인 제목의 의학 보고서를 발표했다. 이 보고서는 1984년 학술지 「트라우마 저널(Journal of Trauma)」 21권 11호 90~91쪽에 실렸다.

파푸아뉴기니를 처음 방문한 젊은 캐나다 인 의사 피터 바스는 현지 주민들이 밀네 만의 알로타우에 소재한 지방 병원을 찾는 가장 큰 요인이 무엇인지 궁금했다. 그리고 놀랍게도 코코넛의 낙하로 인한 부상 때문에 병원을 찾는 환자가 높은 비율을 차지한다는 사실을 알아냈다.

비록 소수이긴 해도 떨어지는 코코넛에 맞아 사망한 사람도 있었다. 한 가지 사례를 살펴보자.

"야자나무가 없는 산자락에 살던 어떤 남자가 구경 삼아 해안 가로 내려왔다. 아마도 그 남자는 떨어지는 코코넛이 얼마나 위험한지 제대로 모르고 있었던 것 같다. 그는 다른 남자가 야자나무를 발로 차서 코코넛 열매를 따고 있는 현장에 서 있었다. 코코넛은 그 남자의 정수리에 정확하게 떨어졌고 그는 쓰러진 지 몇 분만에 사망했다."

코코넛 야자나무는 엄청난 크기로 자란다. 밀네 만 지역에서 가장 흔하게 볼 수 있는 품종인 코코스 야자(학명 Cocos nucifera)의 경우는 더욱 그렇다.

"야자나무는 80세에서 100세까지 계속 키가 자란다. 보통 24미터에서 30미터까지 성장하고 35미터까지 자라는 경우도 있다. 코코넛은 나무줄기 꼭대기에 뭉치로 붙어 있다. 음료수로 마시기 위해 아직 푸른빛일 때 따는 경우도 있다. 코코넛을 수확하려면 나무를 타고 올라가서 베기도 하고 발로 차거나 세게 흔들어서 떨어뜨리기도 한다. 마른 코코넛은 껍질이 점점 두꺼워져서 무거워지면 세찬 바람이 불 때나 오랫동안 비가 내릴 때 떨어지기도 한다. 사람들은 종종 야자나무 근처에 집을 짓기 때문에 어른이고 아이고 할 것 없이 떨어지는 코코넛에 맞기도 한다."

피터 바스 박사의 보고서는 코코넛의 자유 낙하에 관해 학술적으로 상세하게 분석한 최초의 보고서이다(71쪽 참조). 물리학적으로도 아주 중요하고 솔깃한 이야기였을 테지만 이 보고서가 다루는 핵심은 코코넛의 낙하와 같은 사건이 평범한 주민들의 건강에 어떤 영향을 미치는가 하는 점이다. 그는 강력한 결론을 내리고 있다.

"떨어지는 코코넛에 두개골을 직접 부딪치면 엄청난 강도의 물리적 힘을 받게 된다. 물론 빗겨 맞으면 그보다 덜 심각할 수 있다. 이런 정황을 고려할 때 야자나무 근처에 사는 것은 그다지 현명한 선택이 아니다. 아이들이 코코넛 열매가 무르익은 야자나무 아래에서 놀게 해서도 안 된다."

바스 박사는 직업상 여러 종류의 부상을 치료해 왔고 세계 곳곳에 머물면서 그 지역 특유의 부상도 치료했다. 색다른 지역을 찾아온 여행객들이라면 도착 후 무엇을 조심해야 할지 의료 책자를 참고하여 재빨리 둘러보면 좋을 듯하다. 바스 박사는 40편 이상의 의학 보고서를 발표했고 그중에는 남태평양 특유의 질병과 부상에 관한 보고서도 여러 편 있다. 이를테면 이런 것들이다.

1988년 12월 「오스트레일리아 의학 저널(Medical Journal of Australia)」 149권 649~656쪽에 실린 「파푸아뉴기니 돼지로 인한 부상」, 1983년에 세계 3대 의학 저널 중 하나인 「랜싯(The Lancet)」에 실린 「파푸아뉴기니 풀(草)치마 화상」, 1985년에 「오스트레일리아 의학 저널」에 실린 「오세아니아 바늘 고기에 의한 관통상」, 1986년에 「파푸아뉴기니 의학 저널(Papua and New Guinea Medical Journal)」에 실린 「열대 지방의 '콩알 총'으로 인한 호흡 곤란 증상」 등이 있다.

위에서 소개된 모든 것이 현실적이고 실재하는 문제이긴 하다.

그러나 피터 바스가 2001년 이그노벨 의학상을 수상한 것은 떨어지는 코코넛 때문에 생기는 부상 문제를 파고들어 그 대책까지 강구한 공로 덕분이다.

바스 박사는 이그노벨상 시상식에 참석하기 위해 자비를 들여 몬트리올에서 날아왔다. 수상 소감을 말하는 자리에서 그는 슬라이드 몇 장을 보여 주며 다음과 같이 이야기했다.

"저는 파푸아뉴기니에서 이 연구를 했습니다. 저의 연구에 도움을 주셨던 훌륭한 분들의 사진을 가져왔습니다. 이 사진은 사람들이 올라갔다가 떨어지는 나무의 종류를 보여 줍니다. …… 이 사람은 나무에서 떨어져 척추 손상을 입었습니다. …… 불행히도 이런 환자들은 대부분 사망합니다. 이것은 나무에서 열매를 수확하는 간단한 장치이며 부상을 방지하는 효과가 있습니다. …… 이 사진은 망고 나무의 가지를 치는 간단한 방법으로 사람들이 나무에 높이 올라가서 떨어지는 사고를 사전에 막을 수 있다는 걸 보여 줍니다. 어떤 열대 나무는 그 높이가 거의 10층짜리 건물과 같으며 그 나무에서 낙하하는 코코넛의 질량은 직접적인 충격을 받을 경우 거의 1톤에 육박합니다. 따라서 최악의 상황은 코코넛이 떨어질 때 나무 아래에서 자고 있는 것입니다. 잠을 잘 때 여러분의 머리는 지표 근처인 높이 0의 위치에 있기 때문이죠. 제동 거리가 0인 곳에서 운동 에너지는 무한하기 때문에 서 있다가 맞고 쓰러지는 것이 차라리 더 낫습니다."

(이 시점에서 미스 스위티 푸가 피터 바스 박사의 수상 소감을 끝냈다.)

떨어지는 코코넛에 대한 학술적 분석

피터 바스 박사는 코코넛의 자유 낙하를 다음과 같이 뉴턴식 원리로 설명하고 있다.

"보통 껍질을 벗기지 않은 상태의 잘 익은 마른 코코넛은 무게가 1킬로그램에서 2킬로그램 이상 나간다. 껍질이 물에 흠뻑 젖었거나 덜 익은 코코넛은 무게가 4킬로그램이나 된다. 이 정도 질량을 가진 물체가 10층 정도의 높이에서 떨어지면서 중력으로 인해 속도가 증가하다가 사람의 머리에 부딪쳐 갑자기 속도가 줄어들어 정지한다면, 그 결과는 당연히 치명적인 머리 부상이다. 만일 무게가 2킬로그램 나가는 코코넛이 25미터 높이에서 떨어져서 어떤 사람의 머리에 부딪친다면 그 충격의 속도는 시속 80킬로미터가 된다. 코코넛이 머리에 부딪칠 때 발생하는 힘의 강도는 직접적으로 맞았느냐 또는 빗겨 맞았느냐에 따라 다를 수 있다. 코코넛의 제동 거리 역시 중요한 요소다. 따라서 서 있다가 코코넛을 맞아 쓰러지는 어른의 머리가 받는 충격보다 땅에 누워 있는 어린 아기의 머리가 받는 충격이 훨씬 더 클 것이다. 직접적인 타격인 경우 5센티미터의 제동 거리에서 발생하는 힘은 1,000킬로그램이나 된다.

글래스고 변기 붕괴 사건

도자기 재질로 만든 변기 커버가 사람의 몸무게를 지탱하지 못하고 부서져서 볼일을 보던 사람이 치료를 받아야 할 정도로 부상을 입은 세 가지 사례를 소개하려 한다. 너무 오래돼서 낡아 빠진 변기 때문에 벌어진 사고였다. 오래된 변기가 많아질수록 붕괴 사건은 더 빈번해질 것이고 부상자도 속출할 것이다.

– 와이어트와 맥노턴, 튈레의 논문 중에서

공식 발표문

이그노벨 공중 보건상을 글래스고의 조나단 와이어트(Jonathan Wyatt), 고든 맥노턴(Gordon McNaughton), 윌리엄 튈레(William Tuller) 박사에게 수여한다. 세 사람은 「글래스고에서 일어난 변기 붕괴 사건」이라는 보고서를 통해 경종을 울렸다. 이 보고서는 1993년에 『스코틀랜드 의학 저널(Scottish Medical Journal)』 38권 185쪽에 실렸다.

글래스고 서부 진료소 응급 구조반에 근무하는 세 사람은 일련의 사건 사이에서 이례적인 연결성을 발견했다. "6개월 동안 세 명의 환자가 앉아 있던 변기가 갑자기 붕괴하는 바람에 다쳤다며 병원을 찾아온 것이다." 세 의사는 이 사건이 연구할 만한 가치가 충분하다고 생각했다.

다시 조사를 시작했을 때 세 가지 사건 사이에는 큰 차이점이 보였다.

첫 번째 사례는 몸무게 83킬로그램의 14세 소녀가 주인공이었다. 소녀는 학교 화장실 변기에 앉자마자 변기가 부서지면서 오른쪽 허벅지 뒤쪽에 7센티미터 가량의 상처를 입었다.

두 번째 사례는 몸무게 70킬로그램의 34세 남성이 주인공이었다. 그는 볼일을 보고 있는 중에 변기가 무너지면서 오른쪽 엉덩이에 6센티미터 가량의 상처를 입었다.

세 번째 사례는 몸무게 76킬로그램의 48세 남성이 주인공이었다. 그는 변기에 앉았다가 변기가 부서지는 바람에 양쪽 엉덩이에 다수의 상처를 입었다.

이 세 환자의 사례에서 부서진 것은 모두 변기 좌석이 아니라 도자기로 만든 변기 커버였다. 공식 조사 보고서에는 다음과 같이 쓰여 있다. "정확한 제조 일자와 제조처는 알 수 없지만 환자들의 진술에 따르면 모든 변기 커버는 흰색 도자기로 만들어졌다."

각각의 환자들은 의사의 진찰을 받고 국부 마취를 해서 상처를 꿰맨 후에 완전히 건강을 회복했다.

와이어트와 맥노턴, 그리고 퇼레 박사는 냉정하지만 어느 정도 열정을 가지고 사건을 정리하면서 실용적인 제안 한 가지와 함께 그들의 연구를 결론지었다.

"이번 연구에서 다룬 변기 붕괴 사건의 환자들은 평생 치료가 필요한 수준의 부상을 입지는 않았지만 사건 이후 상당한 수치심과 불쾌감을 느낀 것으로 보인다. 변기가 붕괴하는 일은 상당히 이례적인 사건이다. 의학 문헌을 아무리 뒤져도 이와 비슷한 선례를 찾을 수 없었다. 원인은 확실하지 않지만 한 가지 확실한 것은 사고를 일으킨 모든 변기가 아주 오래되었다는 점이다. 따라서 우리는 주변에서 흔히 보이는 오래된 도자기 재질의 변기 커버를 다룰 때 각별히 주의를 기울일 것을 제안한다. 무너질까 걱정하지 않고 변기를 사용하는 가장 확실한 방법은 대륙들이 서로 멀리 떨어져 위치한 것처럼, 변기 위에 털썩 앉지 말고 그 위에 약간 떠 있는 자세를 취하는 것이다."

조나단 와이어트, 고든 맥노턴, 윌리엄 튈레는 글래스고 주민

들에게 안전과 더불어 마음의 평안을 찾아 준 공로를 인정받아 2000년에 이그노벨 공중 보건상을 수상했다.

조나단 와이어트와 고든 맥노턴은 자비를 들여 글래스고에서 시상식장까지 날아왔다. 맥노턴은 스코틀랜드 전통 의상인 킬트를 입었고, 와이어트는 입지 않았다. 이그노벨상을 수상하며 그들은 수상 소감을 짧고 굵게 밝혔다.

조나단 와이어트 : "신사 숙녀 여러분, 대단히 감사합니다. 오늘 이 자리에 서게 된 것을 무한한 영광으로 생각합니다. 여러분께서 믿으실지 모르겠지만 저희의 연구는 화장실에서 변기 물을 내리듯 흐지부지된 상태였습니다. 하지만 이번 상을 수상하면서 연구가 빛을 보게 되었습니다. 고든, 여기 고든이 있습니다. 스코틀랜드에서 왔죠. 이 사람은 미국식 환대에 특별히 감사할 것 같습니다. 여러분 중에 왜 이 스코틀랜드 사람이 전통 의상인 킬트를 입고 왔는지 궁금해하는 분들도 계실 것 같아 간단히 설명하겠습니다. 고든은 여러분의 화장실 변기를 대상으로 실험을 하고 있으며 수많은 변기를 대상으로 실험할 때는 이런 킬트 차림의 복장이 더없이 편하기 때문입니다. 적어도 지금까지는 아주 좋았죠. 자, 이제 고든에게 마이크를 넘기겠습니다. 여러분, 대단히 감사합니다."

고든 맥노턴 : "오늘 밤의 지적인 주제와 연결하여 저희는 오늘 이야말로 영국의 아주 유명한 배관공 한 사람을 언급할 좋은 기회라고 생각합니다. 토머스 크래퍼(Thomas Crapper)라는 사람인데

요, 사실 그분의 지성과 그분이 발명한 수세식 변기가 없었다면 오늘 저희가 여기에 서 있을 수 없었을 것입니다. 대단히 감사합니다."

시상식이 있고 두 달 후 이그노벨상 위원회는 영국에 사는 앨래스데어 백스터(Alasdair Baxter)라는 사람으로부터 연락을 받았다. 그 내용은 다음과 같다.

"갑작스럽게 이메일을 드려 죄송합니다. 남부끄러운 이야기지만 저도 1993년 「스코틀랜드 의학 저널」 38권 185쪽에 실린 연구 보고서에 소개된 변기 붕괴로 인한 희생자 중 하나인 것 같습니다. 1971년 8월 글래스고 근교 코트브리지에서 임시 교사로 일하고 있을 때였습니다. 학교 화장실 변기 위에 앉았는데 변기가 부서지면서 엉덩이와 등이 심하게 찢어지는 상처를 입었습니다. 아쉽게도 저는 「스코틀랜드 의학 저널」에 연락해 제 사례가 포함되었는지 확인할 방법이 없습니다. 만약 여러분께서 그 논문의 사본을 보내 주실 수 있다면 진심으로 감사하겠습니다. 그렇게 해 주시기 어렵다면 와이어트 박사나 맥노턴 박사의 이메일 주소를 알려 주십시오. 제가 그분들과 직접 연락해 보겠습니다. 미리 감사드립니다."

이그노벨상 위원회는 백스터의 이메일 사본을 맥노턴 박사에게 보냈다. 맥노턴 박사는 자신들이 조사한 환자들의 사례 중에 백스터의 엉덩이는 포함되지 않았다는 시원섭섭한 소식을 전해 주었다.

심리학과 지능 부문

껌 씹으면 잡아간다!

"영국에서 유학하던 시절에 나는 깊은 감동을 받았습니다. 깔끔하게 정돈된 도시와 예의 바르고 정직한 영국 국민은 정말 인상적이었지요. 지하철역 주변에는 신문을 파는 가판대가 설치되어 있었는데 판매원은 없고 작은 상자와 동전들과 이런 문구가 적힌 메모만 있었습니다. '신문을 가져가시고 신문 대금은 상자에 넣어 주세요.' 그것은 진정한 선진국의 모습이었습니다. 우리도 그렇게 되도록 노력해야 합니다."
— 리콴유(李光耀), 1999년 12월 18일, 일본 NHK TV와의 인터뷰 중에서

공식 발표문

이그노벨 심리학상은 리콴유에게 돌아갔다. 싱가포르의 전임 총리인 리콴유는 인간 감정을 부정적으로 강화하는 데 있어서는 전문 심리학자 뺨치는 사람이다. 침을 뱉거나 껌을 씹거나 비둘기에게 모이를 준 싱가포르 시민 300만 명을 처벌하면서 30년에 걸쳐 그 효과를 연구한 노고에 이 상을 수여한다.

전문적인 심리학자들은 소수 실험군을 대상으로 심리학 실험을 하기에 급급하다. 그에 반해 열정적인 아마추어 심리학자 리콴유는 한꺼번에 400만 명이나 되는 사람들을 상대로 자신의 이론을 입증하려 했다.

그의 실험 대상이 된 싱가포르 국민은 침 뱉기, 껌 씹기, 비둘기 모이 주기를 금지당했다. 이 금지 조처들은 국민의 사소한 행

동을 변화시키고자 하는 대규모 국민 캠페인의 하이라이트였다.
리콴유는 초기 심리학자들이 실험용 쥐를 훈련한 방식대로 설득
보다는 징벌에 의존하며 이 실험을 진행했다.

싱가포르의 전임 총리 리콴유는 침 뱉기, 껌 씹기, 비둘기 모이
주기를 금지하는 법률을 입안했을 뿐 아니라 이를 적극적으로 시
행했다. 그는 공식 석상에서도 자랑스럽게 발언했다.
"민주주의보다는 규율과 훈련이 필요하다고 생각합니다."
싱가포르에서는 그런 규율과 훈련이 광범위한 인간 행동을 규

제하고 있다.

한 인터뷰에서 리콴유는 싱가포르에서 침을 뱉는 사람들 대부분이 중국계(사실 리콴유도 중국계다)라는 사실을 지적했다.

"알다시피 중국 사람들은 어디에서나 침을 뱉습니다. 중국에 가 보면 내 말이 무슨 뜻인지 바로 이해할 수 있을 겁니다. 이 때문에 우리는 이런 노력을 최대한 빨리 시작했습니다. 침을 뱉는 것은 백해무익한 행동입니다. 그야말로 후진국의 습관이지요. 이런 행동은 결핵균을 퍼트릴 뿐 아니라 수많은 질병과 병균을 옮깁니다. 그래서 우리는 학교와 대중 매체를 통해 어린이들을 교육하고 학부모들에게도 우리의 정책을 알렸습니다. 그 다음에는 벌금을 부과하고 있습니다. 정부의 교육을 받은 후에도 침을 뱉는 시민들이 있다면 당연히 벌금을 내야 하지 않겠습니까? 침을 뱉는 행동이 서서히 줄어들고 있습니다."

전 세계적으로 보면 리콴유의 캠페인 이전에도 침 뱉기를 억제하려는 시도들은 있었다. 그러나 리콴유의 시도는 두 가지 면에서 매우 특별하다고 할 수 있다.

19세기 후반에서 20세기 초반에 걸쳐 미국을 비롯한 몇몇 국가에서는 침 뱉기를 금지하는 캠페인을 벌인 바 있다. 하지만 이 캠페인들은 결핵의 전염을 막기 위한 공공 캠페인의 일환일 뿐 법적인 구속력은 전혀 없었다. 그에 반해 싱가포르 침 뱉기 금지 법령은 공중위생보다는 공공 예절을 위한 것이다. 선진 시민은 침을 뱉지 않는다는 것이다. 또한 다른 나라에서 벌이는 캠페인이 침을 뱉는 것은 망신스러운 행동이라고 선언한 반면 리콴유가 이끄는 싱가포르에서 침 뱉기는 부끄러운 범죄로 공표됐다.

1992년 1월, 싱가포르 정부는 껌을 제조하고 수입하고 판매하는 모든 행위를 금지했다. 공식적인 발표에 따르면 이 법률은 공공 예절과 관련해서 시행되는 것이었다. 하지만 몇몇 기자들은 이 법률이 실제로는 딱 한 가지 사건에 대한 정부의 대응이었다는 사실을 밝혀냈다. 누군가 지하철 자동문 감지 센서의 작동을 멈추려고 껌을 붙인 사건이 있었던 것이다.

리콴유와 그가 이끄는 싱가포르 정부가 부적절하다고 여기는 것이 있었으니 그것은 바로 비둘기였다. 그들이 보기에는 비둘기 또한 쥐만큼이나 달갑지 않고 혐오스러운 동물이었다. 싱가포르 주택 개발 위원회(The Singapore Housing and Development Board)는 다음과 같이 공식 입장을 밝혔다.

"비둘기와 까마귀는 주민들이 남긴 음식 때문에 도심에 날아듭니다. 이런 새들은 식중독의 원인이 되는 등 공중 보건에 위험 요소가 됩니다. 뿐만 아니라 새들의 분비물은 세탁물이나 자동차, 건물 외벽과 바닥을 더럽히고 지붕 타일을 망가뜨립니다."

이내 싱가포르 전역에서 비둘기에게 모이 주는 행위는 부적절할 뿐 아니라 허용해서는 안 되는 금기 사항으로 여겨졌다.

앞서 언급했던 일본 TV와의 인터뷰에서 리콴유는 자신이 "이제3세계 국가를 선진국으로 만들기 위해" 노력해 왔다고 설명했다. 그의 논리에 따르면 깨끗한 건물과 도로는 그 노력 중에서 가장 단순한 부분에 속한다. 그러나 "제3세계의 습관을 선진국의 습관으로 바꾸기란 매우 어려운 일이다. 그러므로 오랜 과정의 교육을 거쳐야 한다."는 게 그의 생각이다.

리콴유는 조국의 경제와 사회 구조를 신속하게 뜯어고치겠다는 목적으로 전통적인 교육 이론에 서툴게 손을 댔다. 싱가포르처럼 대놓고 벌금이나 수감, 태형(싱가포르의 많은 법률에는 태형이 처벌로 명시되어 있다) 등의 처벌에 기반하는 교육은 다른 나라들엔 아직 존재하지 않는다.

총리로서, 때로는 권력의 배후 조종자로서, 리콴유는 침 뱉기, 껌 씹기, 비둘기 모이 주기 등의 행동을 없애기 위해 대대적인 캠페인을 실시했다. 물론 쓰레기 투척, 흡연, 욕설 등을 금지하는 캠페인도 함께 실시했다. 그러는 한편 그는 자기가 좋아하는 행동들을 촉진하기 위해서도 압력을 가했다. 미소 짓기, 예의 바르게 행동하기, 공중 화장실 깨끗이 사용하기 말이다.

사람들이 어떻게 행동해야 하는지에 관한 위엄 있는 연구를 인정받아 리콴유는 1994년에 이그노벨 심리학상을 수상했다.

아쉽게도 수상자는 이그노벨상 시상식에 참석하지 못했다. 어쩌면 참석하고 싶지 않았는지도 모르겠다.

모르는 게 약

우리는 다음과 같은 이론을 논증하고자 한다. 사람들이 성공과 만족을 얻기 위해 택하는 전략에 관해 무식하다면 그들은 두 배로 고생하게 된다. 우선 잘못된 결론에 이르러 불행한 선택을 하고 만다. 그리고 무식하기 때문에 그 결과를 깨닫지도 못한다.

1995년 맥아더 휠러(McArthur Wheeler)는 복면도 쓰지 않고 환한 대낮에 피츠버그에 있는 은행 두 곳을 털었다. 그날 저녁에 그는 바로 경찰에 붙잡혔다. 그날 11시 뉴스에는 휠러가 은행을 터는 장면이 찍힌 비디오테이프가 방송되었는데 그가 붙잡힌 지 한 시간도 채 안 된 시각이었다. 경찰은 감시 카메라에 찍힌 비디오테이프를 휠러에게도 보여 주었다. 휠러는 믿을 수 없다는 표정으로 그 비디오를 쳐다보면서 "난 주스를 얼굴에 발랐는데."라고 중얼거렸다. 놀랍게도 휠러는 레몬 주스를 얼굴에 바르면 비디오카메라에 찍히지 않을 거라고 굳게 믿었던 것이다.

– 더닝과 크루거의 논문 중에서

공식 발표문

이그노벨 심리학상을 코넬 대학의 데이비드 더닝(David Dunning)과 일리노이 대학의 저스틴 크루거(Justin Krugger)에게 수여한다.

이들은 「무식과 자신의 무식을 인식하지 못하는 현상에 대하여 : 자신의 무식을 자각하지 못하는 상태가 어떻게 스스로를 과대평가하게 만드는가」라는 제목의 논문을 발표했다. 그들의 연구는 1999년 12월에 「성격과 사회 심리학 저널(The Journal of Personality and Social Psychology)」 77권 6호. 1121~1134쪽에 게재되었다.

양상의 차이는 있지만 인간은 누구나 무식하다. 심리학자 데이비드 더닝과 저스틴 크루거는 인간의 무식이 행복의 조건이 될 수 있다는 사실을 증명하는 과학적 증거를 제시했다.

더닝과 크루거는 인간의 무식에 대해 깊이 있고 폭넓은 탐구를 하고자 했다. 그들은 코넬 대학에서 다양한 부류의 사람들을 대상으로 수차례 실험을 실시했다. 실험을 시작하기 전에 그들은 다음과 같이 실험 결과를 예측했다.

1. 무식한 사람들은 자신의 능력을 극적으로 과대평가할 것이다.

2. 무식한 사람들은 자신뿐 아니라 타인의 무식함도 제대로 인지하지 못할 것이다.

더닝과 크루거는 피험자들이 어떤 농담이 정말 웃긴지를 판단할 수 있는지 시험해 보았다. 특히 '다른' 사람들이 그 농담을 듣고 웃을 것인지를 각자 판단하는 것이 중심 과제였다.

우선 그들은 몇 가지 농담을 준비하고 예시를 보여 주었다. 그 농담들은 '일반적으로 그렇게 웃기지 않음(예를 들면 사람만큼이나 큰데도 무게가 전혀 나가지 않는 것은? 그림자)'에서 '일반적으로 매우 웃김(예를 들면 한 아이가 왜 비가 오는지를 물었다. "하나님께서 울고 계시기 때문이지." 그 아이가 다시 물었다. "하나님이 왜 우는데요?" "음, 그건 아마 너 때문일 걸!")'까지 정도가 다양했다.

더닝과 크루거는 피험자 65명에게 각각의 농담이 얼마나 웃긴지 점수를 매기게 했다. 그리고 똑같은 농담을 8명의 직업 코미디언들에게 보여 주었다. 더닝과 크루거는 코미디언이야말로 "어떤 농담이 진짜 웃긴지를 판단하고 그것을 대중에게 전달해서 먹고 사는" 사람들이라고 설명했다. 더닝과 크루거는 각 피험자들의 답변을 코미디언 패널들의 답변과 비교했다.

몇몇 피험자들은 사람들이 각각의 농담에 어떻게 반응할 것인지 제대로 예측하지 못했다. 그런데 그들 대부분은 자신들이 매우 성공적으로 예측했을 것이라고 믿었다.

더닝과 크루거는 유머 감각을 측정한다는 것이 상당히 까다로운 일임을 깨닫고 좀 더 측정이 간편한 실험을 하기로 했다. 그들은 로스쿨 입학시험 문제를 응용한 논리 문제를 실험에 사용했다. 논리 문제를 이용한 실험에서도 농담 판단 실험에서와 유사한 결과가 나타났다. 추론에 매우 취약한 사람들이 스스로를 버트런드 러셀이나 〈스타트렉〉에 나오는 냉철하고 이성적인 대원 스폭만큼 지적인 사람이라고 믿었던 것이다.

무식은 일반적으로 생각하는 것보다 훨씬 심각한 현상이라는 결과가 나온 셈이다. 무식한 사람들은 자신의 무식을 인식하지도 못할 뿐만 아니라 타인의 지적 능력 또한 인식하지 못한다.

데이비드 더닝은 그가 왜 이런 연구를 계획하게 되었는지 설명했다. "저는 왜 사람들이 자신의 능력이나 재능 또는 도덕성을 과대평가하는 경향이 있는지, 또한 왜 스스로를 객관적으로 바라보지 못하는지 궁금했습니다. 예를 들어 대학교수의 94퍼센트가 자신의 업무 능력이 '평균 이상'이라고 답했습니다. 하지만 거의 모든 사람이 평균 이상이 된다는 것은 통계적으로 불가능한 일 아닙니까?"

더닝과 크루거 자신들도 모두 대학교수다(이 실험을 진행하고 있을 때만 해도 크루거는 더닝의 제자였다). 최종 연구 논문을 발표하면서 두 사람은 매우 겸손한 어투로 결론을 맺었다. "이 논문은 어느 정도 불완전할 수 있습니다. 하지만 우리가 알고 그런 것은 아니라는 걸 이해해 주시기 바랍니다."

인간의 무식을 이해하게끔 노력한 공로를 인정받아 데이비드 더닝과 저스틴 크루거는 2000년에 이그노벨 심리학상 수상자로 선정되었다.

두 사람은 이그노벨상 시상식에는 참석하지 않았다. 그들이 의도적으로 불참했는지 모르고 그랬는지 여부는 확인되지 않았다.

센스 있는 선물

만약 여러분 주변에 자신의 무식을 도무지 깨닫지 못하는 사람이 있다면 더닝과 크루거의 연구 논문이 좋은 도구가 될 수 있습니다. 이 연구 논문을 복사해서 그 사람에게 보내세요. 물론 익명으로 말입니다. 여러 번 보내야 할지도 모릅니다.

비둘기는 피카소를 좋아해

우리는 피카소와 모네의 그림을 보면서 어떤 그림이 피카소의 작품이고 어떤 그림이 모네의 작품인지 상당히 정확하게 구분할 수 있다. 우리가 이전에 그 그림을 본 적이 없다고 해도 말이다. 그렇다면 비둘기도 한 예술가의 작품을 다른 예술가의 작품과 구별할 수 있을까?
– 연구 논문 「모네와 피카소의 그림을 구별하는 비둘기」 중에서

공식 발표문

이그노벨 심리학상을 게이오 대학의 와타나베 시게루, 사카모토 준코, 와키타 마스미에게 수여한다. 이들은 피카소와 모네의 그림을 구별할 수 있도록 비둘기를 훈련하는 데 성공했다.

와타나베와 사카모토, 와키타의 논문은 1995년 「모네와 피카소의 그림을 구별하는 비둘기」라는 제목으로 「실험 분석 저널(Journal of Experimental Analysis)」 63권 165~174쪽에 실렸다.

어떤 사람들은 비둘기를 욕하느라 바쁜데 또 어떤 사람들은 비둘기의 영리한 행동에 감탄하여 이를 연구하기도 한다. 일본 과학자 팀이 비둘기를 훈련해 예술가의 작품을 인식하게 할 수 있다는 사실을 증명했다.

가끔은 거장들의 예술 작품을 감상하는 방법을 스스로 깨우치는 사람도 있다. 하지만 대부분은 학교나 박물관에서 직접 배우거나 책이나 잡지, 텔레비전 프로그램을 통해 간접적으로 배운다. 비둘기도 마찬가지다. 거장의 예술 작품을 감상하는 법을 스스로 터득하는 새들도 더러 있고 정식 교육을 통해 배우는 새들도 있다.

게이오 대학 심리학 교수 와타나베 시게루와 그의 동료 사카모토 준코, 와키타 마스미는 비둘기들에게 파블로 피카소와 클로드 모네의 그림을 구분하는 법을 가르치기 시작했다.

쉽지 않은 일이었다. 비둘기들은 두 예술가의 작품을 이전에 본 적이 없었다. 와타나베와 사카모토, 와키타는 논문에서 그 비

둘기들이 '이전에 다른 실험을 경험한 적이 없는 비둘기 여덟 마리'였다고 설명했다.

학습 목적으로 사용된 그림들은 모네가 그린 '생아드레스의 테라스(Terrace at Saint-Adresse, 1866)', '지베르니의 포플러(Poplars at Giverny, 1888)', '수련 연못(Pond with Water Lilies, 1899)', '베네치아 물라궁(Il Palazzo Da Mula a Venezia, 1908)' 외 일곱 작품과 피카소가 그린 '아비뇽의 처녀들(Les Demoiselles d'Avignon, 1907)', '해변에서 공놀이를 하는 여자들(Women Playing with a Ball on a Beach, 1932)', '빗을 든 나체의 여자(Nude Woman with a Comb, 1940)', '소나무 아래 나체의 여자(Nude Woman Under a Pine Tree, 1940)' 외 여섯 작품 이었다. 연구팀은 슬라이드 필름 프로젝터를 이용해 비둘기들에게 작품들을 보여 주었다.

비둘기들은 비디오테이프를 보면서 계속 교육을 받았다. 모네의 '강(River, 1868)', '인상 : 해돋이(An Impression : Sunrise, 1872)', '생라자르 역(Station at St Lazare, 1877)' 외 여섯 작품, 그리고 피카소의 '의자에 앉아 부채를 든 여자(Donna con Ventaglio in Poltrona, 1908)' 부터 '두 손을 모은 여자(Donna Dalle Mani Intrecciate, 1909)', '춤(Dance, 1925)'에 이르기까지 기법과 소재가 다양한 열 작품을 비디오테이프로 보았다.

수업은 대학 예술사 과정에서 진행하는 것과 크게 다르지 않았다. 비둘기들은 무작위로 돌아가는 슬라이드를 보았다. 각 슬라이드는 30초간 노출되었으며 5초 간격을 두고 다음 슬라이드로 넘어갔다. 슬라이드가 돌아가는 내내 확성기를 통해 70데시벨의 백색 소음이 공간을 꽉 채웠다.

비둘기 그룹의 반은 모네 그림을 볼 때마다 삼씨[麻子]를 받았지만 피카소의 그림을 볼 때는 삼씨를 받지 못했다. 다른 그룹은 피카소의 그림을 볼 때마다 삼씨를 받았고 모네 그림을 볼 때는 삼씨를 받지 못했다.

이런 식의 수업은 비둘기들이 테스트에서 정답을 90퍼센트 맞힐 때까지 매일 반복되었다. 테스트는 이틀 연속 이뤄졌다. 그림을 한 번 이상 보여 주면 비둘기들이 특정 화가의 그림을 볼 때 부리로 키를 쪼는 방식이었다. 물론 다른 화가의 그림을 볼 때에는 부리를 다물고 있어야 했다.

2~3주 동안 시험을 볼 그림을 기본적으로 숙지한 후에 비둘기들은 더 어려운 시험을 치러야 했다. 처음 본 슬라이드가 화면에서 사라지면 보고 있던 슬라이드가 거꾸로 뒤집혔다. 그러나 비둘기들에게 이 시험은 식은 죽 먹기였다. 나중 시험에서 비둘기들은 거꾸로 뒤집힌 채 화면에 나타난 피카소의 그림을 알아볼 수 있었다. 그러나 뒤집힌 모네의 그림은 알아보지 못했다.

모든 결과를 고려할 때 예술사 선생들이 학생들에게 기대하는 것만큼 좋은 결과가 나왔다고 할 수 있었다.

비둘기와 피카소, 모네에 관한 인지 실험으로 와타나베 시게루와 사카모토 준코, 와키타 마스미는 1995년 이그노벨 심리학상을 받았다.

수상자들은 이그노벨상 시상식에 참석하지 않았다.

시간이 흐르면서 와타나베 시게루의 관심사는 비둘기에서 제비로, 그림에서 음악으로 변했다. 1999년 와타나베 시게루와 그의 동료는 제비 일곱 마리에게 요한 세바스찬 바흐의 음악과 아놀드 쇤베르크의 음악을 구분하도록 가르치는 데 성공했다는 논문을 발표했다. 또한 다른 제비들에게는 안토니오 비발디와 엘리엇 카터의 음악을 구분하도록 가르쳤다.

2001년에 와타나베는 이전에 성과를 냈던 분야, 즉 비둘기와 그림 연구로 돌아갔다. 그는 이전의 실험을 두 배로 확대했다. 단순히 모네와 피카소의 화풍을 구분하는 실험을 뛰어넘어 사람과 비둘기의 인지 능력을 비교하는 실험을 한 것이다. 「동물 인지(Animal Cognition)」라는 학술지에 실린 논문에서 와타나베는 그 프로젝트를 다음과 같이 설명하고 있다.

"우리는 이전에 비둘기들이 각기 다른 화가가 그린 그림을 구별할 수 있다고 보고한 바 있다. 이제 우리는 이전의 연구 결과를 반복함과 동시에 비둘기들과 19~21세 대학생 네 명의 인지 능력을 비교하는 추가 실험을 실시했다. 첫 번째 실험에서 비둘기들은 반 고흐와 샤갈의 그림을 구분하도록 훈련받았다. 두 번째 실험에서 인간 피험자들 역시 같은 그림을 구분하는 시험을 치렀다. 결과는 비둘기가 인간에 필적할 만한 시각 인지 능력을 가지고 있는 것으로 나타났다."

IGNOBEL PRIZES 03

경제 부문

칠레 경제를 말아먹은 남자

새로운 동사 '다빌라르(davilar)'가 무엇인지 알려야만 할 것 같다. 칠레 산티아고에서 태어난 용어인 '다빌라르'는 아무런 방해도 받지 않고 컴퓨터를 사용해서 완전히 일을 망쳐 버리는 것을 뜻한다. 며칠 전 이 단어의 시조가 된 후안 파블로 다빌라(Juan Pablo Davila)가 일련의 불행한 사건들의 후속 결과로 칠레 경찰 당국에 붙잡혔다.
    – 칼럼니스트 찰스 라이트(Charles Wright), 호주 잡지 「디 에이지(The Age)」 중에서

공식 발표문

금융 선물 거래 시장의 지칠 줄 모르는 거래원이자 국영 기업 코델코(Codelco)의 전(前) 직원인 칠레의 후안 파블로 다빌라에게 이그노벨 경제학상을 수여한다. 수상자는 '매도'를 눌러야 할 때 '매수' 버튼을 누르는 실수를 저질렀고, 손실을 만회하려는 마음에 점점 더 손해나는 거래를 계속하다가, 결국 칠레 국민 총생산(GNP)의 0.5퍼센트에 해당하는 막대한 손실을 가져오는 업적을 이루었다. 다빌라의 끈질긴 업적에 감명한 칠레 국민은 그의 이름을 딴 새로운 용어를 만들었다. '다빌라르'라는 동사의 뜻을 풀이하면 '경이로울 정도로 일을 망치다'라는 뜻이다.

후안 파블로 다빌라는 회사 돈을 약간 잃었다. 다빌라의 설명에 따르면 컴퓨터 단말기 버튼을 잘못 누른 것이 화근이었으며, 당황한 나머지 비참할 정도로 운이 따르지 않는 거래를 계속해 일을 해결하려고 했던 것이 문제였다.

얼마 지나지 않아서 엄청난 규모의 칠레 국가 재정이 사라져

버렸다. 그리고 이 사건은 칠레와 전 세계를 대륙 간 형사 고발과
소송의 향연으로 끌고 갔다.

후안 파블로 다빌라는 코델코라는 칠레 국영 기업 직원으로
그리 고위급은 아니었다. 그의 업무는 광물 선물(先物)을 사고파
는 일이었는데 주로 런던 금속 거래소(Lodon Metal Exchange)를 상
대했다. 실력과 운만 따라 주면 누구나 구리, 금, 은, 납, 기타 광
물의 가격 등락에 따라 엄청난 이익을 낼 수도 있었다. 하지만
1993년 후반 무렵 다빌라는 연거푸 실패의 나락으로 떨어지고
말았다. 그것도 아주 심각한 손실의 연속이었다.

1994년 2월 12일 전까지 칠레 밖에서 다빌라를 아는 사람은
거의 없었다. 「이코노미스트(The Economist)」가 '다빌라 사건'이 어
떤 일인지 보도했던 그날까지는 그랬다.

"후안 파블로 다빌라는 작년 9월에 자신이 실수를 저질렀다고
시인했다. 그는 몇 번에 걸쳐서 '매수'를 해야 할 때 '매도' 버튼을
눌렀고 반대의 경우에도 그렇게 했다. 다빌라는 칠레의 거대 국영
기업인 코델코 구리 회사에서 일하는 젊은 실무 직원이었다. 그는
광물 선물과 관련된 코델코의 모든 계약에 관여했다. 다빌라가
자신의 실수를 알아챘을 때는 이미 4천만 달러의 손실을 입은 뒤
였다. 그는 손실을 만회하고자 계속해서 거래를 했다. 결국 여신
한도가 바닥으로 떨어진 1월에는 총 손실액이 2억 700만 달러에
달했다."

이 손실액 2억 700만 달러는 칠레 국민 총생산의 약 0.5퍼센트와 맞먹는 액수였다.

1994년 3월에 실린 신문 기사는 다빌라를 '성실하지만 일에 몹시 시달린, 담배와 블랙커피에 기대어 살아가는 서른넷의 남자'로 묘사했다. 그러나 이런 식의 애매모호한 어조는 점점 뉴스에서 사라져 갔고 '키보드 더듬이'라는 조소를 지나 '사기꾼'이라는 묘사가 사건 보도의 핵심으로 등장하기 시작했다.

다빌라를 운 나쁜 바보라고 생각하는 사람들의 숫자는 점점 줄어들었다. 결국 칠레 정부는 불법 거래 활동을 명목으로 그를 기소하고 말았다. 칠레 정부에 따르면, 다빌라는 코델코를 위해서만 일을 한 것이 아니라 코델코의 경쟁사로 개인 소유 기업인 칠레 구리 회사를 위해서도 일을 해 왔고, 자기 회사에 이득이 되는 거래를 위해 코델코가 손해를 보도록 예전부터 의도했다는 것이다. 언론은 다빌라가 다른 회사들로부터 엄청난 뒷돈을 챙겼다고 보도하기 시작했다. 돈을 댄 회사로는 영국의 소제민 금속 회사(Sogemin Metals Ltd)와 독일의 메탈게젤샤프트 사(Metallgesellschaft AG)를 거론했다.

사건이 일어나고 몇 개월 동안 '다빌라'라는 이름 앞에는 늘 별명이 따라다녔다. 거의 모든 뉴스 보도에서 그를 '악당 중개인 후안 파블로 다빌라'라고 불렀다. 칠레 내에서는 그의 이름 '다빌라'가 일상용어처럼 사용되었다. '다빌라르'라는 이 새로운 동사는 '경이로울 정도로 값비싸게 일을 망친다'라는 뜻이었다. 그러나 몇 달이 지나자 이 단어는 구리고 천하고 쓰라린 책략의 씁쓸한 뒷맛만 남겼다.

그의 끝없는 추락과 무한히 확장되는 실패의 소용돌이를 인정받아 후안 파블로 다빌라는 1994년 이그노벨 경제학상을 수상했다.

수상자 다빌라는 이그노벨상 시상식에 오지 않았다. 안 온 건지 못 온 건지 모르겠지만 어쨌거나 그는 법률 소송 때문에 정신없이 바빴다.

다빌라의 변호사는 이 사건을 모두 코델코의 임원급 경영진 탓으로 돌렸다. 칠레 신문 「라 에포카(La Epoca)」에서 그는 "바로 그들이 이러한 선물 거래를 승인했습니다."라고 밝혔다. "이러한 선물 거래가 통제되지 않았다는 것은 정말 이해할 수 없는 일입니다. 이는 마치 '경마장에 가서 이 돈을 가지고 놀아라.'라고 말하는 것과 같습니다. 이 사건의 경우에는 코델코의 경영진이 다빌라에게 '칠레의 수입을 가지고', 즉 구리를 가지고 '경마장에 가서' 이길 수도 질 수도 있는 내기를 해 보라고 등을 떠민 것입니다."

다빌라 사건은 칠레, 영국, 미국의 법정을 한데 모았고 엄청나게 많은 회사와 사람들이 연루되었다.

다빌라는 1997년에 세금 포탈이라는 죄목으로 3년 형을 구형받아 감옥살이를 시작했다. 그는 가석방을 얻어 내기 위해 백방으로 애썼고 대중의 눈에서 벗어나기 위해 계속 노력했다.

오렌지 카운티와 베어링스 은행 파괴 작전

여러분을 곤경에 빠트리게 된 것에 대해 진심으로 사과드립니다.
– 닉 리슨이 베어링스 은행에 팩스로 보낸 사직서 중에서

공식 발표문

이그노벨 경제학상을 베어링스 은행(Barnigs Bank)의 닉 리슨(Nick Leeson)과 그의 상사들, 그리고 캘리포니아 주 오렌지 카운티(Orange County)의 로버트 시트론(Robert Citron)에게 공동으로 수여한다. 이들은 본인들의 파생 금융 상품 계산법을 사용해 어떤 금융 기관이라도 한계를 지니고 있음을 입증했다. 닉 리슨이 이룩한 성과와 결과물을 소개한 자료로 1996년에 브라운 출판사에서 출판한 『악당 중개인 : 나는 어떻게 베어링스 은행을 파산시키고 금융업계에 충격을 주었나(Rogue Trader : How I Brought Down Barings Bank and Shook the Financial World)』라는 책을 참고하기 바란다. 또한 로버트 시트론에 대해서는 1995년 아카데믹 프레스에서 출간한 『큰 투기로 망하다 : 파생 금융 상품과 오렌지 카운티의 파산(Big Bets Gone Bad : Derivatives and Bankruptcy in Orange County)』을 참고하라.

1. 위험은 이득을 낼 수 있다.
2. 위험은 흥분되는 것이다.
3. 위험은 위험할 수 있다.
......

86. 위험은 재앙이 될 수 있다.

로버트 시트론과 닉 리슨이 감옥에서 시간을 보내고 있을 때에 그들의 머릿속에는 위와 같이 꼬리에 꼬리를 무는 생각들이 맴돌았을 것이다. 이들은 각각 다른 사람의 돈을 가지고 아주 위험한 도박을 벌였고, 이 도박은 꿈에도 생각하지 못했던 재앙으로 돌아왔다.

두 가지 경제 스캔들은 한 사건이 다른 사건과 연이어 일어나면서 거의 전설적인 의미를 갖게 되었다. 시트론 덕택에 미국에서 가장 부유한 지방 정부 중 하나(만일 오렌지 카운티가 국가였다면 세계에서 30번째로 부강한 국가였을 것이다)가 갑자기 무너지게 되었다. 또한 리슨 덕택에 영국에서 가장 오래된 은행 중 하나가 갑자기 파산을 맞게 되었다.

로버트 시트론와 닉 리슨은 아주 대담한 투자를 했다. 소위 '파생 금융 상품'이라 불리는 것을 사고파는 투자였다.

파생 금융 상품이란 게 대체 무엇일까? 여기에서 파생 금융 상품의 정의 자체가 중요한 것은 아닌 듯하다. 다시 말해 시트론이나 리슨 모두 파생 금융 상품이 무엇인지 제대로 이해하고 있었던 것 같지 않다. 중요한 것은 두 사람 모두 대단히 자신감이 넘치는 사람들이었다는 사실이다. 이렇게 과도한 확신은 금융 천재들의 타고난 특성이기도 하다. 두 사람은 사람들로부터 진정한 천재라는 칭송을 받아 왔다. 한동안 사람들이 놀라서 휘청거릴 만큼 대단한 성공을 이루어 냈기 때문이다.

로버트 시트론은 캘리포니아 주 오렌지 카운티의 재무 회계 담당자였다. 그는 오렌지 카운티의 돈을 주식과 파생 금융 상품에 투자(나중에 몇몇은 이를 두고 '도박'이라고 했지만)했다. 처음에 그는 실력이 아주 좋았고(운이 좋았거나) 환상적으로 엄청나게 많은 이득을 창출했다.

닉 리슨은 영국에서 가장 유서 깊은 기관 중 하나인 베어링스 은행의 싱가포르 지점에 근무하는 중개인이었다. 닉 리슨 역시 은행 자금을 주식과 파생 금융 상품에 '투자'했다. 처음에는 그 역시 매우 '능숙'했고 놀라울 정도로 엄청난 이윤을 냈다.

1994년 10월, 시트론의 모든 투자는 완전히 망했다. 오렌지 카운티는 파산했다.

1995년 2월, 리슨의 모든 투자 역시 완전히 끝장났다. 그리고 베어링스 은행이 붕괴했다.

일이 터지자 베어링스 은행과 오렌지 카운티의 고위 관료들은 엄청난 충격에 휩싸였다. 금융업계 언론들은 일련의 재앙을 기사화하면서 호들갑을 떨었다. 「블룸버그 비즈니스 뉴스(Bloomberg Business News)」가 1996년에 펴낸 보고서는 유감스러운 어조로 이 사건을 평가하고 있다.

"닉 리슨이 베어링스 은행에 낸 14억 달러의 손실과 로버트 시트론이 오렌지 카운티에 입힌 17억 달러의 손해, 이 두 가지 유사한 재앙을 수습해 온 금융 감독 위원들은 말한다. '이런 사태의 여파는 보통 비슷한 형태로 전개된다. 손해를 입은 기관은 중개인 한 사람에게 모든 책임을 돌린다. 하지만 더 많은 증거들이 드러날수록 한 사람의 속임수뿐만 아니라 위험한 거래를 간과하려고 했던 사장단에게도 그 손해의 근본 원인이 있음을 알게 된다.'"

"돈을 잃기 전까지는 아무도 당신을 악당 중개인이라고 부르지 않지만, 돈을 잃기 시작하면 이야기는 달라지지요.' 워싱턴의 변호사로 1981년부터 1983년까지 상품 선물 거래 위원회(Commodities Futures Trading Commission) 의장을 지낸 필립 맥브라이드 존슨(Pilip McBride Johnson)은 말했다. '돈벌이가 된다면 사람들은 자기가 하고 싶은 만큼 마음껏 그 일을 합니다. 그게 어느 정도인지 알게 되면 깜짝 놀랄 겁니다.'"

"카운티의 재정을 감독할 법적 책임이 있는 오렌지 카운티 고위 관료들은 시트론의 투자 전략이나 이에 수반되는 위험을 전혀 알지 못했다고 말했다. 베어링스의 투자 은행 책임자인 피터 노리스(Peter Norris)는 회사의 최고 경영진 중에서 파생 금융 상품 거래의 복잡성에 대해 실제로 이해하는 사람이 아무도 없었다고 말했다.'"

오렌지 카운티가 파산 신청을 하기 며칠 전에 시트론은 사직을 권고받았다.

한편 베어링스가 무너지기 몇 시간 전에 리슨은 비행기를 타고 싱가포르 사무실에서 도망쳤다. 처음엔 말레이시아로 갔고, 다음엔 태국과 브루나이, 마지막에는 독일이었다. 마지막 도착지 독일에서 경찰은 그에게 아주 멋진 감방을 숙소로 제공해 주었다. 여섯 달에 걸친 열띤 협상 끝에 리슨은 싱가포르 사법 당국의 처분을 받기 위해 신속하게 싱가포르로 끌려왔다.

오렌지 카운티는 파산 수순을 밟았다. 베어링스 은행의 남은 자산은 단돈 1파운드를 받고 네덜란드 금융 보험 회사인 ING에 매각되었다.

로버트 시트론과 닉 리슨은 그들의 업적을 인정받아 1995년 이그노벨 경제학상을 공동 수상했다.

수상자들은 이그노벨상 시상식에 참석하지 않았다. 못 온 건지 안 온 건지는 알 수 없지만 둘 다 이미 선약이 있었던 것으로 보인다.

시트론은 징역 5년을 구형받았다(나중에 1년으로 감형되었다). 그는 오렌지 카운티의 재정을 어디에 어떻게 투자할 것인지 결정하는 과정에서 메릴 린치(Merrill Lynch)와 같은 대형 기업 재무 컨설팅 업체뿐만 아니라 인근 지역의 심령술사와 우편으로 받는 점성술까지 동원했다고 밝혔다.

리슨은 6년 형을 선고받고 싱가포르 창이에 위치한 타나메라(Tanah Merah) 감옥에서 복역했다(나중에 2년으로 감형되었다). 그곳에서 복역하면서 근사한 책을 하나 공동으로 집필했는데 책 제목은 『악당 중개인 : 나는 어떻게 베어링스 은행을 파산시키고 금융업계에 충격을 주었나』였다. 이 책은 그가 독일에서 싱가포르로 이

송되기 직전에 끝이 난다. 리슨은 예전 상사들에 대해 즐겁게 회고했다.

"나는 이번의 엄청난 실패를 통해 내가 맡은 역할이 내 상사들이 맡은 역할보다 즐겁게 감당할 수 있는 것임을 깨달았다. 나는 감옥에서 내 상사들보다 행복했다. 그들은 집에 앉아서도 자신들의 신용이 다시 산산조각나지 않게 신경을 곤두세워야 하고 친구들조차 자기 등 뒤에서 '빌어먹을 놈!'이라고 욕한다는 걸 알고 있다."

감옥에서 출소한 후 리슨은 순회강연을 다니고 있다. 언론에 따르면 그는 자그마치 10만 달러의 강연료를 받고 청중들에게 더 강력한 통제와 규제의 필요성에 대해 경고하고 있다고 한다.

세금은 저승사자보다 강한 것

2000년 1월 15일 「뉴욕 타임스(New York Times)」는 놀랍게도 새로운 천 년의 첫 주에 지역 병원들이 보고한 사망 건수가 지난해인 1999년 마지막 주에 발생한 사망 건수보다 50.8퍼센트나 증가했다고 보도했다. 「뉴욕 타임스」는 생명이 위독한 사람들이 새로운 천 년이 열리는 것을 지켜보기 위해 조금만 더 살아 있으려고 노력했기 때문에 이런 현상이 나타났을 것이라고 추측했다. 겉으로 드러난 수치만 본다면 중대한 사건에 대한 기대감 때문에 사람들의 수명이 연장된 것으로 파악할 수도 있다.

- 경제 보고서 「세금 절약하고 죽기」 중에서

공식 발표문

이그노벨 경제학상을 미시간 경영 대학의 조엘 슬렘로드(Joel Slemrod)와 브리티시 컬럼비아 대학의 우즈시에츠 코프크주크(Wojciech Kopczuk)에게 수여한다. 이들은 죽는 시기를 늦춰서 상속세를 낮출 수만 있다면 사람들은 기꺼이 방법을 찾는다는 연구 결과를 발표했다.

두 사람의 논문은 2001년 3월에 「세금 절약하고 죽기 : 유산세 환급에 나타난 사망의 신축성에 대한 근거」라는 제목으로 미국의 대표적인 민간·비영리 경제 연구 기관인 NBER에서 발간한 「NBER 조사 보고서」 W8158권에 실렸다.

다소간의 집약적이고도 능숙한 추적 연구를 통해 조엘 슬렘로드와 우즈시에츠 코프크주크는 사람들이 돈을 위해서라면 그 어떤 것이라도 할 수 있다는 증거를 발견했다. 심지어 죽는 것까지도 말이다.

경제학자들은 이렇게 생각하길 좋아한다. 사람들은 합리적인 결정을 하며 그들의 모든 행동은 냉정하고도 이기적인 생각에 기초하고 있다고 말이다. 하지만 경제학자들도 마음속으로는 이런 생각에 의심을 품고 있다.

조엘 슬렘로드는 좀 더 많이 의심했고 그간 경제학자들이 감히 엄두를 내지 못했던 단순한 질문을 제기했다.

"죽음의 시점도 어느 정도는 이성적으로 결정할 수 있는 것이 아닐까? 경제학자들은 출산이나 결혼 같은 중요한 사건들은 합리적인 의사 결정을 통해 시기를 정한다고 추정하면서 죽음은 왜 예외로 두는 것일까?"

미시간 대학의 기업 경제 및 공공 정책학과 교수이자 세금 정책 연구소 소장인 슬렘로드는 그 질문에 대한 답을 어떻게 찾아야 하는지 알고 있었다. 그는 공동 수상자인 대학원생 우즈시에츠 코프크주크와 함께 거의 1세기에 해당하는 세금 기록을 낱낱이 검토하고 걸러 냈다.

다른 경제학자들은 비교적 덜 실존적인 문제를 연구해 왔는데 이를테면 이런 것들이다. 사람들은 세법상 혜택을 얻기 위해 결혼 시기를 조정하는가? 세금 혜택을 극대화하기 위해 임신과 출산의 시기를 조절하는가? 여기에서 슬렘로드와 코프크주크는 반문했다. "만일 출산이 그렇다면 죽는 것이라고 왜 안 되겠는가?"

인간 존재의 마감 시한 조절에 대해 그동안 의사들이 전혀 생각하지 않았던 것은 아니다. 의학 도서관에는 사람들이 언제 어떻게 삶의 무대에서 발끝으로 조심스레 걸어 내려오는지를 분석한 보고서들이 가득하다(이런 것들 중에는 「상징적으로 의미심장한 사건이 일어날 때까지 죽음을 연기함」이라는 제목의 논문도 있다. 이 논문은 1990년 「미국 의료 연합 저널(Journal of the American Medical Association)」에 발표된 것으로 사망률이 대규모 종교 기념일처럼 상징적으로 의미 있는 사건 전에는 일시적으로 떨어졌다가 그 후엔 최고점에 오른다고 보고하고 있다).

많은 국가에서 상당한 양의 재산을 상속받는 사람들에게 세금을 부과하고 있다. 이런 세금은 상속세, 유산세, 사망세 등 여러 이름으로 불린다. 이러한 세금을 정확하게 어디에 부과하고 어떤 세율을 적용하는지는 나라마다 다르고, 지역 간에도 차이가 나고, 해마다 달라지기도 한다.

슬렘로드와 코프크주크가 살아가며 일하는 터전인 미국에서는 상속에 대한 최초의 세금 규정이 1916년에 만들어졌다. 여러 가지 정치적인 압력의 영향으로 상속세율은 아주 빈번히 오르락내리락했다. 슬렘로드와 코프크주크는 상속세율이 눈에 띄게 크게 올랐던 8번의 경우와(1917년 2번, 1924년, 1932년, 1934년, 1935년, 1940년, 1941년에 각 1번씩) 반대로 크게 떨어졌던 5번의 경우에(1919년, 1926년, 1942년, 1983년, 1984년에 1번씩) 무슨 일이 일어났는지를 조사했다.

분석은 매우 복잡했다. 하지만 모든 것은 결국 한 가지 단순한 결론에 이르렀다.

"어떤 사람들은 중대한 순간에 살아 있기 위해서 기꺼이 생존 능력을 발휘한다는 사실을 지지하는 풍부한 증거가 있습니다. 유산세 환급 기록에서 발견한 증거는 자녀들을 더 부유하게 할 수만 있다면 사람들은 아주 조금 더 오래 살아남는다는 사실을 뒷받침해 줍니다."

이그노벨상 시상식의 가장 사소한 부분들을 책임지는 줄리아 루네타(Julia Lunetta)가
조엘 슬렘로드 교수의 머리에 부드럽게 광을 내고 있다.

슬렘로드와 코프크주크는 그들의 연구에 대해 신중한 입장을 취했다.

"사실 이것이 아주 명백한 증거라고 할 수는 없습니다."

또한 두 사람은 때로는 친인척들이 의도적으로 사망 날짜를 거짓으로 신고할 가능성도 있다고 말했다.

조엘 슬렘로드와 우즈시에츠 코프크주크는 이러한 연구 업적을 인정받아 2001년 이그노벨 경제학상을 수상했다. 조엘 슬렘로드는 자비로 이그노벨상 시상식에 참석했다. 수상 소감에서 그는 이렇게 말했다.

"글쎄요, 꿈에도 생각하지 못했던 일입니다. 저와 우즈시에츠 코프크주크는 이그노벨상을 수상하게 되어 매우 기쁩니다. 아마도 우즈시에츠 코프크주크는 밴쿠버에서 동영상으로 이 시상식을 보고 있을 것 같습니다. 또한 제 아들과 딸도 동영상을 보고 있을 것 같네요. 안녕, 얘들아. 저희는 모두 이 상을 수상하게 된 것을 매우 기쁘게 생각합니다. 왜냐하면 이그노벨상의 정신을 믿기 때문입니다. 그 정신은 과학-사회 과학 분야까지도 포함해서-을 향한 열정과 열망이 아주 재미있을 수 있다는 것, 그리고 우리가 세운 연구 가설이 가끔은 극단적이고 황당한 연구 결과를 낳을 때조차 우리에게 깨달음을 준다는 것입니다. 저희는 연구를 통해 모든 사람이 이미 알고 있는 사실인 '사람들은 돈을 위해서는 무엇이든 할 것'이라는 주장을 뒷받침하는 증거를 얻었습니다. 물론 어떤 사람들은 평생을 돈과는 상관없이 살기도 합니다. 연구를 통해 이런 예외적인 사실까지 포함할 수 있는 일반 원칙을 정립하는 것이 경제학의 영원한 도전 과제입니다.

저희는 몰랐지만 이 연구를 진행하고 있을 때 미국 의회는 현명하게도 2010년 한 해 동안 상속세를 폐지하는 안을 의결했던 것 같습니다. 2010년은 과거의 어느 때보다도 저희가 세운 가설을 시험할 최적의 조건이 갖춰지는 해입니다. 누군가, 제 생각엔 벤자민 프랭클린 같습니다만, 이렇게 말한 적이 있습니다. '우리가 절대 피할 수 없는 두 가지는 죽음과 세금이다.' 이제 저는 이렇게 말할 수 있습니다. 2010년이여 오라. 우리가 피할 수 없는 일은 죽음이나 세금, 둘 중 하나가 될 것이다."

평화와 외교 부문

우리가 뜨면 범죄가 사라진다!

전 세계에 퍼져 있는 자연법당(Natural law party : 초월적 명상을 통해 사람들의 스트레스와 긴장을 줄이자고 주장하는 이색 정당-옮긴이) 소속 요가 공중 부양자(Yogic flyer)들이 명상과 공중 부양을 통해 세계 범죄, 질병, 전쟁, 실업과 투쟁하겠다고 선언하며 금요일 본에 모여 평화를 위해 뛰어올랐다.

요가 공중 부양자 스물세 명이 자연법당의 상징인 무지개가 수 놓인 티셔츠와 흰색 바지를 입고 눈을 감은 채 요가 매트에 책상 다리를 하고 앉았다. 몇 분간 명상을 한 후 이들 요가 공중 부양자들은 앉아 있던 매트를 가로질러 몸을 흔들고 낄낄 웃고 깡충 뛰었다. 이들은 땅에서 50센티미터 가량 뛰어올랐고 서로 부딪치기도 했다.

1995년 미국 자연법당 대선 후보였던 존 헤이걸린(John Hagelin)은 "요가식 공중 부양은 뇌 활동을 최대치로 끌어올려 결합력을 이루는 데 아주 유익하다."고 말했다. 직업이 물리학자인 존 헤이걸린은 전체 인구 1퍼센트의 제곱근이 아침저녁으로 초월 명상법과 요가식 공중 부양을 수행하면 극적인 사회 개선 효과가 나타날 것이라는 사회학적 연구 결과가 나왔다고 밝혔다.

자연법당 마하리시 위원회 사무총장 라인하르트 보로비츠(Reinhard Borowitz)는 전 세계에 특별 훈련받은 요가 공중 부양자 집단을 세워 군대와 무기가 필요 없는 세상을 만드는 것이 자기들의 목적이라고 말했다.

- 1997년 〈로이터 뉴스〉 중에서

공식 발표문

훈련받은 명상가 4,000명이 워싱턴 D.C.에서 폭력 범죄를 18퍼센트나 감소시켰다는 결론을 이끌어 낸 공로로 마하리시 대학교 과학 기술 공공 정책 연구소의 존 헤이걸린에게 이그노벨 평화상을 수여한다.

존 헤이걸린의 연구는 「임시 보고서 : 1993년 6월 7일부터 7월 30일까지 워싱턴 D.C.에서 폭력 범죄를 줄이고 정부의 효율성을 증진시킨 전국 시위 프로젝트의 결과」라는 제목으로 출간되었다.

1993년 6월과 7월에 한 과학자 그룹이 대담한 실험을 실시했다.

목적 : 살인, 강간, 강도로 유명한 워싱턴 D.C.에서 폭력 범죄 건수를 극적으로 줄이기 위해.

수단 : 초월적 명상과 요가 비행(飛行)을 통해 도시를 과학적이고 조직적으로 덮어 버림.

본인 말대로라면 존 헤이걸린은 아주 비범한 사람이다. 그는 아이오와 주 페어필드에 자리 잡은 마하리시라는 일류 대학의 과학 기술 공공 정책 연구소 총책임자이며 물리학 교수다. 양자 물리학, 초월적 명상, 요가 비행, 미국 대선 출마에 있어서만큼은 아주 능숙한 전문가다.

존 헤이걸린은 범죄에도 아주 관심이 많다.

신문사에 보낸 편지에 그는 이렇게 썼다. "다트머스와 하버드에서 공부한 통일장 이론 물리학자로서 나는 인간의 의식과 마하리시 마헤시 요기(Yogi : 요가 수행자 – 옮긴이)를 연구하는 세계 일류 과학자들과 긴밀하게 협력하는 행운을 누려 왔습니다. 애국자이자 과학자로서 나는 국가가 직면한 문제들에 대해 이미 검증된 자연법에 바탕을 둔 해결책과 과학 지식을 정부에 제공할 준비가 되어 있습니다."

존 헤이걸린은 범죄에 정말 관심이 많다.

1992년에 그는 자연법당 대선 후보였다. 그러나 그해에 그는 대통령으로 선출되지 못했다. 존 헤이걸린은 1996년과 2000년에 다시 대통령 후보로 출마했다. 역시 두 번 다 고배를 마셨다. 자연법당은 아이오와 주 페어필드에 자리 잡은 마하리시 대학의 과학 기술 공공 정책 연구소에 뿌리를 두고 있으며, 영국, 독일, 인도, 스위스, 태국, 버뮤다, 크로아티아, 라트비아, 아르헨티나 외에 약 70개국에 지부를 두고 있다.

존 헤이걸린은 범죄에 대해 정말 관심이 많은 사람이다.

1993년에 그는 폭력 범죄를 예방할 방법을 완성했다.

기술적으로 말하자면 '범죄의 주요 원인을 경감시키기 위해 우리 사회 전반에 걸쳐 스트레스를 완화하는 긴밀한 집단을 대도시를 중심으로 형성하는' 것이었다. 단순하게 말하면 존 헤이걸린이 사람들로 하여금 명상을 하고 카펫 위에서 공중 부양을 하도록 돈을 지불하는 것이다. 충분한 숫자의 숙련된 사람들이 이 일을 동시에 같은 장소에서 하면 범죄율은 떨어진다. 아주 단순한 논리다.

그는 1993년 여름에 이 방법을 시연했다. 6월 7일부터 7월 30일까지 숙련된 명상가 4,000명이 워싱턴 D.C.와 그 인근에서 명상과 공중 부양을 했다.

다음 해 대통령 선거 일주일 전에 열린 기자 회견에서 존 헤이걸린 후보는 이 실험 결과를 공표했다. 실험은 성공적이었다. 명상가들이 명상을 하고 공중 부양을 하는 동안 워싱턴의 범죄율은 18퍼센트나 떨어졌다.

기술적으로 말하자면 그렇다. 그러나 워싱턴에서 벌어진 실제

범죄율이 18퍼센트 감소한 것은 아니었다. 사실 실험이 이뤄지는 동안 워싱턴의 주간 살인 범죄율은 역대 최고치를 기록했다. 그러나 범죄율은 훈련된 명상가 4,000명이 명상과 공중 부양을 하지 않았더라면 이 정도일 거라고 존 헤이걸린의 컴퓨터가 예측했던 것보다 18퍼센트나 낮았다.

범죄에 끼친 영향 덕분에 존 헤이걸린은 1994년에 이그노벨 평화상을 수상했다.

수상자는 이그노벨상 시상식에 참석하지 않았다. 못 온 건지 오고 싶지 않았던 건지는 확인할 길이 없었다.

이그노벨상을 수상하고 다음 해에도 그 다음 해에도 존 헤이걸린은 실험을 계속했다. 2001년 초 존 헤이걸린은 기금 모금 운동을 알리기 위해 마하리시 마헤시 요기인 인도의 쿨원트 싱 (Kulwant Singh) 소장(小將)과 함께 워싱턴 D.C.에서 컨퍼런스를 열었다. 그 모금 운동의 목적은 전쟁 지역을 순회하여 세계에 평화를 가져올 4만 명의 훈련된 공중 부양자 분대의 운영 자금 10억 달러를 모으는 것이었다. 헤이걸린과 싱은 사람들을 설득해 그들의 계획에 투자하게 만들 자신이 있다고 말했다.

2002년 여름에 헤이걸린은 기자 회견을 열었다. 그와 훈련받은 명상가들, 공중 부양자들이 행동에 들어가면 중동 지역에 곧 평화가 도래할 것이라고, 그리고 이 일은 그들이 바라는 거액의 기금을 받는 즉시 이뤄질 거라고 중동 지역 모든 정당에 알리기 위해서였다.

로스앤젤레스 흑인 폭동의 숨은 주동자

결국 킹 사건은 한 인간에 대한 무자비한 구타와는 전혀 상관없는 영향을 불러왔다는 사실이 분명해졌다.

– 전임 로스앤젤레스 경찰국장 대릴 게이츠, 자신의 책에서

공식 발표문

독특하게도 강압적인 방법으로 사람들을 화해시키려 한 공로를 인정하여 전임 로스앤젤레스 경찰국장 대릴 게이츠(Daryl Gates)에게 이그노벨 평화상을 수여한다. 로드니 킹 사건과 대릴 게이츠 경찰국장의 이야기를 다룬 책은 여러 권 나와 있다. 그중 하나가 1997년 루 캐넌(Lou Cannon)이 쓰고 타임북스가 출간한 『공무원의 태만 : 로드니 킹과 폭동은 어떻게 로스앤젤레스와 로스앤젤레스 경찰을 바꾸었나(Official Negligence : How Rodney King and the Riots Changed Los Angeles and the LAPD)』라는 책이다. 대릴 게이츠도 1992년 자신이 공동 저자로 참여한 『경찰국장 : 로스앤젤레스 경찰청에서의 나의 삶(Chief : My Life in the LAPD)』이라는 책에서 이 주제에 대해 언급한 바 있다.

대릴 게이츠는 역사상 가장 유명하며 영화와 책, 텔레비전에서 영웅으로 묘사한 경찰청을 책임지고 있었다. 그런데 어느 날 TV에서 몇몇 경찰관들의 모습을 담은 비디오테이프가 반복적으로 상영되었다. 백인 경찰관들이 흑인 교통 법규 위반자를 심하게 구타하는 모습이었다. 해당 경찰관들을 처벌해야 한다는 여론이 들 끓었다. 그 시점에서 게이츠 국장은 교전과 성명 발표, 휴전과 침묵을 섞어 카리스마 넘치게 대응함으로써 고역스럽지만 지극히 작은 사건 하나를 커다랗고 장기적인 사건으로 확대하는 데 이바지했다. 화가 난 사람들이 로스앤젤레스 여러 지역에서 모여들었고 폭동을 일으키기 시작했다. 충격적인 장면들이 모두 방송되었고 전 세계의 많은 사람들은 그 모습을 보면서 함께 불쾌감을 느꼈다.

1991년 3월 3일 이른 시각, 로스앤젤레스 경찰관들이 로드니 킹이라는 이름의 만취한 남자를 추격했다. 로드니 킹은 당시 고속도로를 질주하고 있었다. 결국 경찰관들은 로드니 킹을 붙잡았다. 일주일 후 수백만 명의 텔레비전 시청자들은 경찰관들이 쇠 파이프로 로드니 킹을 때리고 때리고 또 때리고 발로 차고 짓밟는 모습이 담긴 비디오테이프를 봤다. 1991년 당시 로스앤젤레스는 전 세계 TV와 영화의 수도였고 로스앤젤레스 주민들은 다들 비디오카메라를 가지고 있었다. 로드니 킹 구타 사건을 촬영한 남자는 사이렌 소리와 고함 소리에 잠에서 깼다. 마침 새로 산 카메라를 테스트해 보고 싶어 하던 차였다.

몇십 년 동안 〈드라그넷(Dragnet)〉 〈형사 콜롬보(Columbo)〉 〈헌터 (Hunter)〉 〈아담 12(Adam-12)〉 같은 텔레비전 방송은 로스앤젤레스 경찰청의 매력적인 모습만 내보냈다. 이들 프로그램에서 로스앤젤레스 경찰관들은 항상 예의 바르고 인정이 많았다. 그런데 로드니 킹 비디오에 나온 LA 경찰은 이런 모습과는 사뭇 달라 보였다.

로스앤젤레스 경찰청에는 사람들에게 드러나지 않은 이면이 늘 있었다. 사람들은 경찰의 잔인성, 특히 흑인과 라틴계 시민에 대한 잔인성에 대해 공통적으로 비난해 왔다. 시 정부가 매년 법적 안정을 위해 상당한 금액을 예산으로 책정할 정도였다.

로드니 킹 사건은 시 정부를 진저리나게 했다. 경찰관 네 명이 과도한 물리력 사용으로 공판에 회부되었다. 비디오테이프를 본 전 세계인들은 그 경찰관들이 죗값 일부라도 치를 거라고 기대했다. 그러나 로스앤젤레스 사람들은 만일 배심원단이 피소된 경찰관들을 곤경에서 벗어나게 해 주면 거리에서 폭동이 일어날 거라고 걱정했다.

결국 전원 백인이었던 배심원단은 경찰관들을 무죄 방면했고 이 소식은 곧 도시 전역으로 퍼져 나갔으며 폭동이 일어났다. 지난 20년이 넘는 동안 미국에서 일어난 폭동 중에서 가장 큰 폭동이었다.

몇 년 동안 게이츠 국장은 지난 실패로부터 교훈을 얻은 LA 경찰관들이 그 시기에 시작된 어떤 잠재적 소란도 잠재울 준비가 되어 있고 완벽하게 훈련되어 있다고 자랑스레 이야기했다. 그러나 그가 틀렸다는 것이 증명되었다.

게이츠 국장의 지시 아래, 혹은 어떠한 지시도 없는 상황에서, LA 경찰은 조직 자체가 문란해졌고 이미 너무 늦어 버린 순간이 될 때까지도 폭동을 진압하기 위해 어떤 행동도 하지 못했다. 사람들이 거리에서 공격을 받고 살해당하고 건물과 자동차들이 불에 타는 장면을 전 세계가 텔레비전으로 지켜보고 있을 때, 게이츠 국장은 이상하게도 정치 자금 모금 행사에 참석하느라 자리를 비웠다. 몇 시간 후 그가 돌아왔을 때는 이미 손을 쓸 수 없을 정도로 사태가 심각해진 뒤였다.

사건의 정점에서 로드니 킹은 세상의 시선으로부터 한발 뒤로 물러났고 신기할 정도로 차분한 역할을 담당했다. 그는 텔레비전에 출연했고 애처롭게 물었다. "사이좋게 지낼 순 없는 걸까요?"

폭동이 끝나고 두 달 후, 총책임자에 대한 들끓는 여론을 못 이겨 대릴 게이츠는 로스앤젤레스 경찰국장 자리에서 물러났다. 분명 그가 문제를 일으킨 것은 아니었다. 하지만 그의 단호한 결정과 터프가이다운 자세는 수천 명의 로스앤젤레스 주민과 수백만 시청자를 불러 모으는 데 일조했다.

그 덕분에 대릴 게이츠는 1992년 이그노벨 평화상을 수상했다. 못 온 건지 안 온 건지 하여튼 시상식에는 참석하지 않았다. 이그노벨상 위원회는 매사추세츠 주 케임브리지에서 크림슨 테크 카메라 가게 총지배인으로 일하는 스탠 골드버그(Stan Goldberg)에게 대릴 게이츠를 대신해 상을 받아 달라고 부탁했다. 다음은 골드버그의 수락 연설 원고다.

"저는 크림슨 테크 카메라 가게 총지배인으로서 대릴 게이츠를 대신해 이 상을 받게 되어 기쁩니다. 대릴 게이츠는 비디오카메라

산업을 위해 그 누구보다 많은 일을 했습니다. 그는 품질 좋은 비디오카메라가 한 세대의 기억을 사로잡을 수 있다는 사실을 전 세계에 보여 주었습니다. (이때 골드버그는 비디오카메라를 치켜들었다.) 이 녀석을 한번 써 보십시오. VHS-C 모델인데 감광도 1룩스, AF 파워 줌·접사용 렌즈, 전 방위 자동 초점 기능, 날짜-시간 자동 입력 시스템을 제공합니다. 이 제품을 단돈 599.98달러에 판매합니다. 사은품으로 케이스도 드리고요. 어떤 경쟁 제품보다 저렴한 가격으로……." (이즈음 수많은 사람들이 무대로 몰려들어 골드버그를 붙들더니 건물 밖으로 끌어냈다. 관중 한 사람이 이 장면을 비디오테이프에 담아 텔레비전 방송국에 돈을 받고 판 것으로 보인다.)

1992년 7월, 그러니까 경찰국장 자리에서 물러난 지 몇 달 되지 않았고 이그노벨상을 받기 딱 세 달 전인 시점에 대릴 게이츠는 공동 집필로 성급하게 써 내린 자서전을 출간했다. 그 책이 바로 『경찰국장 : 로스앤젤레스 경찰청에서의 나의 삶』이다. 책 마지막 부분에서 그는 이렇게 말한다.

"1992년 초에 떠날 때가 되었다는 걸 알았다. 나는 지루했다. 경찰국장으로 보낸 세월이 무려 14년이었고 도전이 될 만한 일들은 다 지나갔다. 내가 하지 않은 일은 아무것도 없었다. 나는 내가 있고 싶은 만큼 그 자리에 있었다. 나더러 나가라고 등을 떠민 사람은 아무도 없었다."

대릴 게이츠는 다음 직업으로 라디오 토크쇼 진행자와 비디오 게임 디자이너를 택했다.

'빵!' 터지는 영국 해군

이것은 가능한 최상의 투자 효율성을 거두려는 군의 끊임없는 노력의 일부입니다.
– 영국 해군 대변인, 2000년 5월 20일 「데일리 텔레그래프(Daily Telegraph)」지 인터뷰 중에서

공식 발표문

실탄은 그만 쓰고 대신 입으로 '빵!'이라고 외치라고 군인들에게 명령한 영국 해군
에게 이그노벨 평화상을 수여한다.

영국 해군은 돈을 절약할 뿐 아니라 평화도 얻을 수 있는 방법
을 발견했다. 게다가 조용하기까지 하다. 사람들이 생각하는 것보
다 더 전통적인 방법이긴 하지만 혁신적이고 놀라우며 2000년에
도 많은 사람들에게 환영받을 방법임에 틀림없다.

이 이야기는 2000년 5월 20일 「가디언(Guardian)」지에 간략하
게 소개되었다.

"영국 해군은 비용 절감을 위해 최고 포병 학교 훈련생들에게
실탄 발사를 금지하고 입으로 '빵'을 외치게 했다. 데번 주 플리
머스 인근 케임브리지 호 지상 기지에 자리 잡은 해군 포병대 훈
련 학교 수병들은 실탄을 장전하고 총을 과녁에 겨눈 후 방아쇠

125

를 당기는 대신 마이크에 대고 소리를 지르라는 명령을 받았다. 그들은 지상 포탑으로부터 실탄 1발분을 미리 발사했다. 이렇게 하면 개당 642파운드인 비용을 줄임으로써 3년간 국방부 예산 500만 파운드를 절약할 수 있다고 생각했기 때문이다.

한 수병은 이렇게 말했다. "총 앞에 앉아서 '빵 빵'을 외칩니다. 탄약은 전혀 발사하지 않아요. 말도 안 되는 얘기고 수병들은 분개하고 있습니다.' 군함에서 복무 중인 그 수병은 덧붙였다. '하급 수병들이 새로 들어오고 있지만 특기병들의 감독 없이는 총을 발사할 수도 없어요. 실망할 수밖에 없죠. 케임브리지 호에서 나오는 포격 소리를 듣곤 하실 겁니다. 요즘 들리는 소리는 모두 마이크에서 나오는 '빵 빵' 소리예요.'"

사실 '빵'을 외치라는 명령은 영국군의 명예로운 전통 중 하나다. 군사학자 스파이크 밀리건(Spike Milligan)은 『아돌프 히틀러 : 그의 몰락과 나의 역할(Adolf Hitler : My Part in His Downfall)』이라는 책에 제2차 세계대전 중에 자신이 겪은, 사격 대신 '빵'이라고 외친 순간을 기록하고 있다.

"약점이 하나 있었다. 탄약이 떨어졌다는 것이었다. 우리의 특무 상사는 이에 굴하지 않고 이내 모든 포대원들에게 일제히 '빵'이라고 외치라고 명령했다. 그는 앨런브룩(Alanbrooke) 장군을 찾아가 '사기 진작에 도움이 됩니다.'라고 말했다. 운 좋게도 울위치에 있는 원형 건물 안에서 9.2 포탄 하나를 발견했다. 정식으로 사용 신청서를 제출했고 절차에 따라 포탄이 도착했다. 근위병이

포를 탑재했다. 이를 감독하기 위해 시장이 도착했고 시장 부인은 그 옆에서 승리의 V자를 그리며 사진을 찍었다. 내 생각에 시장 부인은 그게 뭘 의미하는지도 잘 몰랐던 것 같다. 한 달 후 남부 사령부에서 포탄을 발사해도 좋다고 허락했다. 그날이 바로 1940년 7월 2일이다. 그 전날 우리는 현수막을 가지고 벡스힐을 돌아다녔다. 현수막에는 이런 문구가 쓰여 있었다. '내일 정오에 듣게 될 소리는 벡스힐에서 발사하는 대포 소리입니다. 겁먹지 마세요.'"

밀리건은 그 포탄이 결국 불발탄으로 판명되었다고 기록했다.

바로 영국군에서 일어난 일이었으며 때는 바야흐로 1940년이었다. 해군은 다른 군보다 더 계통을 따지는 경향이 있어서 일처리가 훨씬 더뎠다. 해군이 그 기술 혁신을 적용하는 데는 꼬박 60년이 걸렸다. 그러나 어쨌든 해냈다.

영국 해군은 용감무쌍하게 단호하고도 조용한 행동을 취한 공로로 2000년에 이그노벨상을 수상했다.

안타깝게도 수상자는 시상식에 참석하지 않았다. 대신 1993년에 노벨 생리·의학상을 수상한 영국인 리처드 로버츠가 그 상을 임시 보관하기로 했다. 로버츠는 필요하다면 내년 한 해는 이 상을 건네줄 만한 해군을 찾기 위해 발바닥에 땀나도록 뛰겠다고 맹세했다. 한 해 동안 무진장 애를 쓰긴 했지만 그는 결국 성공하지 못했다. 로버츠 박사는 아직도 이 상을 보관하고 있으며 하루빨리 영국 해군 고위급 관계자와 연락이 닿아 이 상이 제자리를 찾고 고이 모셔지길 바라고 있다.

시상식이 있고 얼마 안 있어 이그노벨상 위원회는 다른 나라 시민들로부터 편지를 받았다. 격분한 시민들, 특히 독일 국민은 자기네 나라 군대도 '빵'을 외치고 있다며 영국 해군과 함께 이 상을 공동 수상할 자격이 충분하다고 주장했다.

노벨상 수상자 리처드 로버츠는 장난감 총을 발사하여 영국 해군에게 비용 절감을 위한 대안을 제시했다.

제가 영국 해군을 대신하여 이 자리에 서게 될 줄은 꿈에도 몰랐습니다.
다행히도 영국 해군은 제가 입대 연령이 되기 1년 전에 강제 징집 정책을
폐지했습니다.

그러나 저는 군에 들어가서 '빵'을 외쳐야만 하는 것이 정말 품위 상하는
일이라는 사실을 인정할 수밖에 없습니다. 그래서 영국 해군이 받아들였
으면 하는 대안을 하나 가지고 왔습니다. (이 시점에서 로버츠 박사는 '빵' 깃발
이 쫙 펼쳐지는 장난감 총을 꺼냈다.)

자, 경비 절감을 위해 해군이 고려할 만한 대안은 너무너무 많습니다. 그중
하나는 해군이 입고 있는 엄청나게 비싼 군복을 바꾸는 것입니다. 제 열한
살짜리 딸 아만다에게 조언을 구했더니 제독 모자를 하나 만들어 주더군
요. (이때 로버츠 박사는 종이로 근사하게 접은 모자를 꺼내 썼다.)

다른 방안도 있습니다. 아시다시피 군인들이 항상 군함을 타고 움직이려면
정말 어마어마한 돈이 들어갑니다. 그러니 적재적소에 맞게 몇 척은 플라
스틱 배로 바꾸는 게 어떨까요? 기억해 보십시오. 전시에 영국 공군은 독
일군을 속이려고 이스트 앵글리아에 모형 비행기를 세워 두기도 했습니다.
영국인으로서 자부심을 가져야 할 때인 것 같습니다. 올림픽을 보신 분은
영국인이 조정(漕艇)을 꽤 잘한다는 걸 아실 겁니다. 영국 해군을 위한 또
하나의 대안이지요.

굿바이 '미스터 폭탄'

그는 모든 이에게 위험한 인물입니다. 텔러가 없었다면 세상은 훨씬 더 좋아졌을 거라고 확신합니다.

─ 이지도어 아이작 라비(Isidor Isaac Rabi), 1944년 노벨 물리학상 수상자,
맨해튼 계획에 동참했던 에드워드 텔러의 선배.

공식 발표문

기존에 우리가 알고 있던 '평화'의 의미를 바꾸는 데 일생을 바친 공로를 인정하여 수소 폭탄의 창시자이며 스타워즈 무기 체계를 마련한 최초의 챔피언 에드워드 텔러(Edward Teller)에게 이그노벨 평화상을 수여한다.

에드워드 텔러는 20세기 가장 위대한 과학자 중 한 사람이다. 똑똑하고 사교적이고 탁월한 지성의 소유자였던 그는 항상 옳았다. 세계 정세에 가장 큰 영향을 끼치는 과학자가 되길 열망했으며 아주 격정적이었던 그는 정말로 폭발적인 결과를 이뤄 냈다.

어떤 의미에서 에드워드 텔러는 미스터 폭탄이라 할 수 있다. 세계 최초의 원자 폭탄과 그 이후의 역사에서 텔러는 기술적으로든 정치적으로든 매번 중요한 역할을 담당했다. 그는 미국 정부가 첫 번째 원자 폭탄을 만들도록 설득했고 뉴멕시코 주 로스앨러

모스 원폭 연구소에서 실행된 그 유명한 맨해튼 계획에도 참여했다. 역사책을 들여다보면 텔러는 그곳에서 사람들을 들볶고 미래를 꿈꾸며 꼬박 3년을 보냈다고 한다. 텔러가 가장 좋아했던 꿈은 새롭고 아주 강력한 폭탄을 만드는 것이었다.

첫 번째 원자 폭탄은 폭발 시 엄청난 에너지가 방출되도록 원자를 나누는 핵분열에 토대를 두고 있다. 텔러는 훨씬 더 거대한 폭발을 일으켜 훨씬 더 큰 에너지를 방출시킴으로써 원자를 더 많이 짜내어 함께 융합시킬 폭탄을 만들고 싶었다. 이 새로운 장치는 '열 핵폭탄'이라 불리는 것이었다.

에드워드 텔러는 여전히 구식 핵폭탄을 좋아했지만 이제는 그 폭탄을 조연으로만 활용할 참이었다. 오래된 구형 화학 폭탄의 작은 기폭 장치 캡을 뽑기만 하면 작은 원자 폭탄이 수소 폭탄의 반응을 일으켰다.

텔러는 수소 폭탄을 개발하게 해 달라고 있는 힘을 다해 미 행정부와 군부를 설득했다. 다른 과학자들이 기술적인 연구에 몰두하는 동안 텔러는 정치적 행보를 계속했다.

초기 폭탄을 개발했던 많은 과학자들은 텔러가 처음 자신의 계획을 설명했을 때 심각하게 경고했다. 수소 폭탄은 대기 중이나 해안의 가스에 불을 붙일 만큼 엄청난 열을 발생시킬지도 몰랐다. 지구 표면을 제대로 태워 얇게 썬 감자튀김처럼 만들 수도 있었다. 그러나 텔러는 이것을 큰 문제로 보지 않았다. 물론 다른 걱정거리들도 전혀 염려하지 않았다. 이를테면 수소 폭탄 개발이 구경꾼들에게 미칠 장기적인 방사 효과, 다른 나라들이 자기들의 영토를 지키기 위해 같은 무기를 제조할 가능성, 이 특별한 기술 연구에 지속적으로 들어갈 천문학적인 비용, 끝없는 군비 경쟁 등 어느 것 하나 신경 쓰지 않았다.

결국 새 폭탄은 제조되었고 실험을 거쳤다. 다른 과학자들의 걱정과 달리 대기도 해안도 불이 붙지 않았다. 곧이어 소련이 자기만의 수소 폭탄을 만들기 위해 뛰어들었고 결국 성공했다. 폭탄의 개발과 제조, 유지에 드는 비용은 누구의 예상도 뛰어넘어 한없이 올라갔고 세계는 대부분 죽음의 공포에 떨었다.

당연히 에드워드 텔러는 기뻐했다. 그리고 새로운 무기, 즉 기술적으로 훨씬 더 어렵고 비용도 훨씬 더 많이 드는 새로운 무기 개발을 계속 밀어붙였다. 텔러는 곧이어 멀리 떨어진 장소에 폭탄을 발사하는 새로운 미사일 시스템을 개발하는 쪽으로 자신의 멋진 상상력을 쏟아부었다. 그는 소련이 자신과 자신의 숭배자들이 생각해 낸 모든 것을 따라잡으려고 애쓴다는 사실을 알고 있었고 그래서 그들보다 몇 걸음 앞서 가겠노라고 장담했다. 비용이 얼마가 들든, 연구가 시작될 가능성이 있든 없든, 신경 쓰지 않았다.

몇십 년이 흐르자 새로 만든 무기 중 많은 것들이 구식이 되었다. 그럼에도 텔러의 창의성과 요구는 그칠 줄 몰랐다. 그가 한 가지 무기를 생각해 낸다면 적들 역시 그럴 것이고, 그것은 또한 정부가 거기에 돈을 쏟아부어야 할 좋은 구실이 되었다. 그가 자신이 고안해 낸 무기들을 방어하고 넘어설 다른 무기를 생각해 낸다면 정부는 더욱더 거기에 돈을 지원하지 않을 수 없었다.

대부분의 역사가들은 '스타워즈'라고 불리는 1980년대 미사일 방어 계획에 정부가 심각할 정도로 엄청나게 많은 돈을 쏟아부은 것은 에드워드 텔러의 지나친 요구 때문이었다고 믿는다. 소문에 의하면 이 미사일 방어 계획은 미국 대통령 로널드 레이건의 기술에 대한 지대한 관심에서 튀어나왔다. 레이건은 이 계획이 훌륭한 아이디어라고 생각했다. 사실 그 아이디어가 정확히 뭔지도 모르면서 말이다.

미사일 방어 계획과 뒤이어 나온 텔러의 프로젝트들은 모두 하나같이 흥미로운 이름이 붙었다. 컴퓨터로 조종되는 열 추적 미사일은 '똑똑한 조약돌(Brilliant Pebble)', 우주 기반 충돌 요격체는 '팝업 배치(pop-up deployment)', '슈퍼 엑스칼리버(Super Excalibur)', '하이 프런티어(High Frontier)'였다. 무기 목록은 한없이 길고 거기에 쏟아부은 투자금도 끝이 없었다. 텔러는 이런 무기들이 그 자체만으로는 사람들을 파멸로부터 보호하기에 충분하지 않다고 경고했지만 사람들을 충분히 보호해 줄 무기를 만드는 첫 번째 단계로서는 필요하다고 주장했다.

이 세상에 무기에 대한 불같은 열정을 불어넣은 공로로 에드워드 텔러는 1991년 이그노벨 평화상을 받았다.

오지 않은 건지 못 온 건지 알 수 없지만 어쨌거나 시상식에는 참석하지 않았다.

우리 집만 아니면 괜찮아

시라크 대통령은 많은 세계 지도자들이 프랑스의 핵실험을 공공연하게 비난하기는 했어도 개인적으로 그를 비난한 사람은 거의 없었다고 말했다. 그는 "화가 나진 않지만, 유감이네요. 전 저들이 왜 그러는지 이유를 모르겠습니다. 너무 선동적이지 않습니까?"라고 말하며 오스트레일리아 정부를 '과도한' 반발의 대표적인 예로 꼽았다.

– 1995년 10월 23일 〈로이터 뉴스〉 중에서

공식 발표문

히로시마 원폭 투하 50주년을 기념하여 태평양 연안에서 원자 폭탄 실험을 한 자크 시라크 프랑스 대통령에게 이그노벨 평화상을 수여한다.

취임 직후 자크 시라크 대통령은 모든 사람이 프랑스의 힘과 영광을 우러러볼 불꽃놀이를 지시했다.

1995년 5월 17일, 시라크는 대통령 선서를 했다.

6월 13일, 시라크는 프랑스가 3년간의 핵무기 실험 일시 중지 기간을 의기양양하게 종식시키며 지구 반대편에서 일련의 수소 폭탄을 폭발시킬 거라고 밝혔다. 그는 준비를 위해 조용한 시간이 필요할 것이며 쇼가 지체될 수는 있어도 쇼를 멈출 수 있는 것은 없을 거라고 덧붙였다.

7월 16일, 시라크는 조용히 뉴멕시코 주 앨라모 고두에서 첫 번째 원자 폭탄 폭발 50주년을 기념했다.

8월 6일, 시라크는 조용히 히로시마 원자 폭탄 투하 50주년을 기념했다.

8월 9일, 시라크는 조용히 나가사키 원자 폭탄 투하 50주년을 기념했다.

8월 10일, 시라크 대통령은 자신의 계획의 최고 업적을 발표했다. 프랑스는 일련의 멋진 핵 불꽃놀이 행사를 치르는 데 한 해를 다 바칠 계획이었다. 마지막 불꽃놀이가 끝나면 그들은 그 일에서 손을 떼고 포괄적인 국제 핵실험 금지 조약을 지지할 것이었다. 누구도 다시는 '그 어떤 핵무기 폭발 실험이나 다른 핵폭발'을 하지 못하도록 말이다.

그런데 8월 17일, 이 경쟁에 골치 아픈 분열이 일어났다. 핵 보유국 중 유일하게 폭발 실험을 멈추지 않은 중국이 뤄부포 호(羅布泊湖) 실험 지구에서 자체 제작한 폭탄을 실험한 것이다. 프랑스에서는 이 사건을 아주 이상하게 보는 이들이 있었다. 중국이 다른 곳이 아닌 바로 자국 영토에서 핵폭탄 실험을 했기 때문이다.

9월 5일, 그야말로 자크 시라크의 날이었다. 프랑스는 남태평양 폴리네시아의 작은 환초섬 모루로아에서 20킬로톤의 수소 핵폭발 실험을 했다.

모루로아는 프랑스보다 뉴질랜드와 오스트레일리아에서 더 가까웠기 때문에 두 나라는 잔뜩 화가 나서 불만을 토로했다. 이에

자크 시라크 대통령은 두 나라가 다른 나라를 '선동하고 있다.'고
대꾸했다. 급기야 뉴질랜드는 헤이그에 있는 국제 사법 재판소에
프랑스가 앞으로 예정된 폭발 실험을 취소하게 해 달라는 판결을
청구했다.

9월 22일, 국제 사법 재판소는 뉴질랜드의 요청을 거절했다.

10월 1일, 프랑스는 팡가타우파 환초에서 110킬로톤짜리 수소
폭탄을 폭발시켰다. 팡가타우파는 모루로아에서 그리 멀지 않았다.

10월 6일, 자크 시라크는 1995년 이그노벨 평화상을 받았다. 수상자는 이그노벨상 시상식에 참석하지 않았다.

시라크는 10월 27일에 60킬로톤 수소 폭탄을 다시 모루로아 환초섬에서 폭발시켰다고 공표했다. 그리고 11월 21일에는 같은 장소에서 40킬로톤 수소 폭탄으로, 12월 27일에는 30킬로톤 수소 폭탄으로 불꽃놀이를 했다.

새해를 맞아 잠시 휴식기를 가진 뒤 프랑스는 1월 27일에 팡가타우파에서 120킬로톤 수소 폭탄을 터뜨렸다. 이틀 후 자크 시라크는 이 불꽃놀이 행사를 조기에 끝내겠다고 발표하면서 대규모 국제 시위는 이번 조기 폐막과 아무 상관이 없다고 덧붙였다. "지난 6월에 내린 결정이 국내외에서 불안과 격한 감정을 자극했다는 걸 압니다. 또한 핵무기가 두려움을 불러일으킨다는 것도 잘 압니다. 그러나 항상 위험이 도사린 세상에서 이 실험은 평화에 이바지해 왔습니다."

그…
그렇게나
냄새가
지독했어?

사랑의 화학 작용

사랑의 진화 과정은 너무나 중요하기 때문에 거기에는 분명 오랜 기간에 걸쳐 형성되는 어떤 화학 작용이 있음에 틀림없다. 최근 연구 결과들은 인간의 감정을 조절하는 신경 전달 물질인 세로토닌(serotonin, 화학식은 5-HT) 전달체가 신경증, 성적 행동, 강박증과 관련이 있다는 사실을 밝혀냈다. 이제 막 사랑을 시작한 실험 대상자들과 강박증 초기 환자들 간의 놀랍도록 유사한 특징들은 우리로 하여금 사랑과 강박, 이 두 가지 조건에서 세로토닌 전달체가 동일한 변화를 만들어 낼지도 모른다는 가능성을 연구하게 했다.

– 마라치티, 로시, 카사노, 아키스칼의 연구 보고서 중에서

공식 발표문

피사 대학의 도나텔라 마라치티(Donatella Marazziti), 알레산드라 로시(Alessandra Rossi), 지오반니 B. 카사노(Giovanni B. Cassano) 그리고 캘리포니아 대학의 하곱 아키스칼(Hagop S. Akiskal)에게 이그노벨 화학상을 수여한다. 네 사람은 낭만적인 사랑이 심각한 강박증을 앓는 것과 비슷한 생화학 반응을 나타낸다는 사실을 발견했다. 이들의 논문은 1999년 5월에 「사랑할 때 나타나는 혈소판 세로토닌 전달체의 변화」라는 제목으로 「정신 의학 저널(Psychological Medicine)」 29권 3호 741~745쪽에 실렸다.

수백 수천 편이 넘는 노래와 시, 소설, 영화가 집착과 강박, 낭만적 사랑의 얽히고설킨 관계를 밝히려고 애를 써 왔다. 그런데 이 복잡하고 미묘한 문제를 생화학적 연구로 처음 밝혀낸 이들이 있으니 바로 도나텔라 마라치티, 알레산드라 로시, 지오반니 B. 카사노, 하곱 아키스칼이다.

마라치티, 로시, 카사노, 아키스칼 박사는 다른 훌륭한 과학자들과 마찬가지로 체계적인 연구를 진행했다. 이들은 처음에 다음과 같은 가설을 세웠다. "사랑에 빠지는 것은 인간의 진화와 관련 있는 명백한 자연 현상이기 때문에 사랑은 오랜 시간에 걸쳐 확립된 어떤 생물학적 과정에 의해 조정된다고 볼 수 있다." 또한 연구진은 "이 연구에서 우리는 세로토닌 전달체, 사랑에 빠진 상태, 강박증 사이의 관계를 분석하려 한다."고 연구 목적을 밝혔다.

서론은 생략하고 본격적인 연구 내용을 살펴보기 전에 기술적인 단어 하나를 간단히 살펴보자. 연구자들이 언급한 세로토닌이라는 화학 물질은 식욕과 성욕, 수면과 각성, 우울증을 포함한 모든 종류의 인간 행동을 조절하는 데 관여한다. 세로토닌은 조개에게 프로잭이라는 항우울제를 먹인 실험으로 1998년에 이그노벨상을 수상한 펜실베이니아 게티즈버그 대학 피터 퐁(Peter Fong) 교수의 흥미를 끌었던 바로 그 화학 물질이다(자세한 내용은 '대합조개의 고귀하고도 행복한 최후'라는 장을 참조).

마라치티, 로시, 카사노, 아키스칼 박사는 낭만적이고 강박적이며 집착이 강한 사랑의 모든 혼란스런 상태를 다음 두 가지 질문으로 단순화했다.

(1) 사랑이라는 감정이 과연 사람들의 혈액 속에도 존재할까?

(2) 만약 그렇다면 그것은 강박증을 보이는 사람들의 혈액 속

에 존재하는 것과 비슷할까?

연구자들은 집착증과 강박증이 인간의 혈액 속에서 어떤 작용을 하는지 이전의 연구 결과들을 통해 대략 알고 있었다. 다른 과학자들이 강박증 환자들의 혈중 세로토닌 양이 보통 사람들의 그것과 다르다는 사실을 이미 밝혔기 때문이다.

그렇다면 연구는 매우 간단해진다. 강박증을 가진 사람들과 낭만적인 사랑에 빠진 사람들의 혈액을 조사하면 된다. 연구진은 이 두 집단의 혈액을, 사랑에 빠지지도 않았고 집착증도 없고 강박증도 없는 평범하고 무덤덤한 보통 사람들의 혈액과 비교해 보기로 했다.

연구진은 각각의 집단에 속하는 20명을 선발하여 조사했다. 강박증 환자 20명과 평범한 사람 20명을 찾는 것은 쉬웠다. 반면 사랑에 빠진 사람 20명을 찾는 것은 굉장히 까다로운 작업이었다. '낭만적 사랑'에 대한 과학적인 정의가 아직 정립되지 않았기 때문이다.

그래서 마라치티, 로시, 카사노, 아키스칼 박사는 낭만적 사랑에 대한 그들만의 정의를 도출했다. 이들의 논문은 낭만적 사랑을 이렇게 정의하고 있다.

"20명의 실험 대상자들(이들 중 17명은 여성이고 3명은 남성이며 평균 나이는 24세다)은 최근에 사랑에 빠진 의대생들로서 광고를 통해 모집했으며 다음과 같은 기준에 의해 선발되었다.

ⓐ 최근 6개월 사이에 새롭게 연애를 시작한 사람

(b) 연애 기간 중 파트너와 성관계를 갖지 않은 사람

(c) 하루에 최소 4시간 이상 파트너를 생각하는 사람

혈액 검사를 통해 연구진은 아주 명확한 결과를 얻었다.

"사랑에 빠진 실험 대상자들과 강박증 환자들의 혈액에서 동일하게 통계적으로 의미 있는 세로토닌 양의 감소가 나타났다. 이는 두 조건 사이에 어떤 유사성이 있음을 보여 준다. 또한 이로써 사랑은 인간을 '정상이 아닌' 상태로 이끈다는 것이 밝혀졌다. 실제로 수세기에 걸쳐 많은 나라에서 사용된 사랑에 관한 다양한 표현들 중에 사랑에 '미친'다거나 '상사병'에 걸린다는 표현이 자주 나타나는 것만 봐도 이런 사실을 명확히 알 수 있다."

마라치티 박사와 그녀의 동료들은 최초의 핑크빛 연애 감정이 사라진 후에 나타나는 변화에 대해서도 조사했다. 첫 번째 혈액 검사 후 1년이 지나서 연구진은 사랑에 빠졌던 실험 대상자들을 인터뷰하고 그들의 새로운 혈액을 채취했다. 그중 6명은 1년 전과 같은 파트너와 여전히 연애 관계를 유지하고 있었지만 이제 밤낮으로 파트너를 생각하거나 하지는 않았다. 이 6명의 혈중 세로토닌 양은 결혼한 지 오래된 평범한 커플들의 혈중 세로토닌 양과 비슷하게 변했다. 고대 시인들이 너무도 잘 알고 있었던 사랑에 관한 진실을 과학이 다시 한 번 증명한 셈이다.

사랑의 화학 작용과 화학 작용으로 말미암아 나타나는 사랑에 관한 연구로 도나텔라 마라치티, 알레산드라 로시, 지오반니 카사

노, 하곱 아키스칸은 2000년에 이그노벨 화하상을 받았다.

도나텔라 마라치티는 자비를 들여 기꺼이 이그노벨상 시상식에 참석하려 했으나 남편이 병에 걸리는 바람에 안타깝게도 참석하지 못했다. 대신 마라치티 박사는 오디오 테이프를 통해 다음과 같은 수락 연설을 보내 주었다.

"사랑에 대한 연구는 매우 중요합니다. 사랑은 인간의 삶과 온 우주의 엔진과 같기 때문입니다. 그러나 이러한 모든 노력에도 불구하고 자연의 신비는 풀리지 않는 비밀로 남을 것이라고 나는 확신합니다. 내가 한 일은 단지 사랑이라는 인간의 대표적인 감정에 대한 생물학적 메커니즘에 작은 통찰을 제공한 것뿐입니다. 내 연구의 가장 큰 한계는 실험 대상이 주로 이탈리아 인들로 구성되었다는 점입니다. 이탈리아 인들이 사랑에 빠지는 방식은 미국인들을 비롯한 다른 나라 사람들과는 완전히 다르지요. 이그노벨상 시상식에 참석하지 못한 것을 매우 아쉽게 생각하며 부디 즐거운 행사가 되기를 바랍니다. 여러분 모두 계속해서 삶을 즐기고 끊임없이 사랑에 빠지기를."

섹스는 사랑의 필수 요소일까?

어떤 사람들은 섹스를 낭만적인 사랑의 일부로 여긴다는 사실을 마라치티, 로시, 카사노, 아키스칼 박사도 잘 알고 있다. 그들은 개인적인 차원에서는 이것에 동의했을지 모르나 연구 목적을 달성하기 위해 '성관계 없이 핑크빛 연애 감정에 사로잡혀 있는 이제 막 사랑에 빠진 실험 대상자'만을 조사하기로 결정했다.

네 사람은 연구 보고서에서 그 이유를 다음과 같이 설명했다.

"어떤 사람들은 성관계를 사랑의 필수 요소로 여긴다. 그러나 우리는 그렇게 생각하지 않는다. 프랑스 소설가 스탕달은 사랑을 불완전한 열정이라고 표현했다. 그의 표현처럼 우리는 연애 초기의 대표적인 특징인 상대에 대한 강박적인 열심이 사랑의 기초이자 필수 요소라고 생각한다."

그 남자만 알아보는 물의 기억력

벤베니스트의 주장에 따르면 과학 분야의 기성세력은 선천적으로 새로운 생각을 거부하게 되어 있다. 그는 "정통파 연구자들은 생물학에 새로운 생각이 유입되는 것을 차단하기 마련이다."라고 말한다.

– 「네이처」지 기사 중에서

공식 발표문

왕성하게 자기주장을 펼친 달변가이자 「네이처」지의 헌신적인 기고가였던 자크 벤베니스트(Jacques Benveniste)에게 이그노벨 화학상을 두 차례에 걸쳐 수여하는 바이다. 벤베니스트는 끈질긴 노력으로 다음과 같은 두 가지의 발견을 이루어 낸 공로를 인정받았다.

– 물, 그러니까 H_2O는 지적인 액체로 물에 가해진 어떤 사건이 끝난 뒤에도 한참 동안 그 사건을 기억할 수 있다.

– 물은 기억을 저장할 뿐만 아니라 기억한 정보를 전화선이나 인터넷을 통해 전송할 수도 있다.

자크 벤베니스트의 첫 번째 연구 결과는 「면역 글로불린 E(IgE) 억제용 면역 혈청 희석화 현상이 일으키는 호염기성 세포의 탈과립 반응」이라는 제목으로 1988년 6월 30일에 「네이처」제333권 6176호 816~818쪽에 게재되었다. 하지만 이후 편집자들의 요구로 삭제되고 말았다. 전화를 이용한 연구는 「전화선을 활용한 디지털 항원 신호의 대서양 간 송수신」이라는 제목으로 발표했다. 이 논문은 「알레르기와 임상 면역학(Allergy and Clinical Immunology)」이라는 잡지에 벤베니스트, P. 유르겐스(P. Jurgens), W. 슈(W. Hsueh), J. 아이사(J. Aissa) 네 명의 공저자의 이름으로 실렸고 1997년 2월 21일부터 26일까지 진행된 AAAAI/AAI·CIS 합동 회의에서 발표되기도 했다[AAAAI는 미국 알레르기성 천식과 면역 학회(American Academy of Allergy Asthma and Immunology)를, AAI는 미국 면역학 연구자 협회(American Association of Immunologist)를, CIS는 임상 면역 학회(Clinical Immunology Society)를 뜻한다].

자크 벤베니스트는 이그노벨상을 두 번 수상한 유일한 사람이다. 그는 아무도 눈치채지 못했던 물의 능력을 발견한 공로를 인정받아 이그노벨상을 두 번이나 수상하는 영광을 차지했다.

1998년에 파리에 위치한 아주 권위 있는 국립 연구 기관 INSERM(Institute National de la Sante et de la Recherche Medical)의 존경받는 생물학자였던 벤베니스트는 논문 한 편을 저명한 학술지 「네이처」에 발표했다. 보통 사람은 이해하기 어려운 까다로운 전문 용어로 가득한 논문의 내용은 사실 간단했다. (a)물은 사건을 기억한다. (b)자크 벤베니스트가 그 사실을 증명했다.

하나 더. 벤베니스트는 사람들 앞에서 이 새로운 발견으로 동종요법(同種療法 : 인체에 해당 질병의 증상과 비슷한 증상을 유발시켜 치료하는 방법-옮긴이)의 효능을 설명할 수 있다고 자신했다.

동종요법에 사용되는 약은 실제로는 약효가 거의 없을 만큼 희석된 물질이다. 과학자들은 이런 약은 실제적인 효능이 없으며, 설사 있다 해도 그것은 사람들이 효능이 있다고 믿고 싶어 하기 때문이라고 설명한다. 그러나 어차피 약이란 것이 대개 자연 치유가 이뤄질 때까지 환자들을 안심시키는 효능을 가질 뿐 그 이상도 그 이하도 아니라는 사실은 많은 유능한 의사와 과학자들이 자조적으로 인정하는 바이다.

벤베니스트는 수십 년에 걸쳐서 실험을 계속하고 있다. 이를 테면 이런 것이다. 물이 가득 차 있는 컵에 특정 화학 성분을 약간 첨가한다. 그다음 혼합액을 묽게 희석한다. 그다음 또다시 희석한다. 그리고 또다시 희석하고 계속해서 희석한다. 그렇게 계속해서 희석하다 보면 결국 순수한 물 한 컵만 남게 된다(당신도 이와 똑같은 일을 매일 하고 있다. 주방 세제로 컵을 닦고 거품이 남지 않을 때까지 계속 헹구니 말이다). 자크 벤베니스트의 주장에 따르면 컵에 남은 순수한 물은 이전에 들어 있던 물 분자가 말한 것을 기억한다. "여기에 조금 전까지 다른 물질이 들어 있었어."라는 귓속말을 기억한다는 얘기다.

「네이처」에 실린 벤베니스트의 1988년 논문은 소위 대박이었다. 대부분의 과학자들에게 "물이 기억력을 갖고 있다."는 주장은 일고의 가치도 없는 터무니없는 이야기였다. 하지만 이는 완전히 새로운 생각이었기 때문에 많은 과학자들이 이 최신 아이디어를 실험해 보고 싶은 욕구를 누르지 못했다. 그리하여 전 세계 과학자 수천 명이 진짜로 실험해 보았다. 하지만 열렬한 동종요법 추종자 소수를 제외하고는 실험에 성공한 사람이 아무도 없었다. 어처구니없는 실험에 시간을 허비하고 나서 어떤 이들은 분개했고 어떤 이들은 재미있어했다. 생물학 잡지 「더 사이언티스트(The Scientist)」는 당시 상황을 다음과 같이 묘사했다.

"어떤 과학자들은 분통을 터뜨리는 대신에 재치 있게 돌려서 표현하는 유머 감각을 발휘했다. 미국 국립 보건원(National Institutes of Health, NIH)의 헨리 메츠거(Henry Metzger)의 예를 들어 보자. 그는 물이 컵에 있던 분자들을 기억한다는 벤베니스트의 발견을 재현해 보려고 노력했지만 결국 실패하고 말았다. 메츠거는 한숨을 쉬면서 말했다. '거 참, 아쉽군. 이제는 차를 마실 때 스푼으로 설탕을 가득 떠 넣지 않아도 될 줄 알았는데……'"

1991년에 자크 벤베니스트는 물이 기억력을 갖고 있다는 새로운 시각을 인정받아 이그노벨 화학상을 처음 수상했다. 얼마 후 각각 다른 분야에서 노벨상을 두 번이나 수상한(하나는 화학상, 다른 하나는 평화상) 유일한 인물인 라이너스 폴링(Linus Pauling)이 이그노벨상 위원회에 그해 이그노벨 평화상을 수상한 에드워드 텔러가 최초로 이그노벨상을 두 번 수상할 것 같다는 이야기를 전해 왔다('굿바이 미스터 폭탄' 편을 참고하기 바란다). 하지만 폴링의 기대는 현실로 이루어지지 않았다.

벤베니스트는 실험을 계속했고 지속적으로 논문을 발표했고(보통 잘 알려지지 않은 지면에 발표했다) 그의 주장에 의문을 제기하는 사람들을 비웃었다.

결국 그는 INSERM을 떠났고(언론에서는 본인의 선택으로 떠난 것인지 아닌지 명확히 밝히지 않았다) 디지털 생물학 연구소(Digital

Biology Laboratory)라는 기업을 운영하기 시작했다. 그는 이 기업이 나중에 마이크로소프트보다 더 큰 회사가 될 것이라고 말했다.

벤베니스트는 디지털 생물학 연구소에서 토마스 에디슨과 빌 게이츠를 결합한 새로운 역사적 인물이 되기 위해 연구에 몰두하고 있다. 에디슨이 사람들의 기억을 녹음한 것과 같이 벤베니스트는 물의 기억을 녹음하는 중이다. 언젠가 이런 기억을 디지털 형태로 얻게 되면 전화선이나 인터넷을 통해 기억된 정보를 전송할 수도 있을 것이다. 벤베니스트의 말이 맞다면 약사들은 곧 알약과 물약 판매를 그만둘 것이다. 그 대신 의사들은 환자의 물 한 컵과 연결할 전화번호를 처방할 것이다. 디지털 생물학 연구소는 이 새로운 제약 산업의 선도 기업이 될 것이고 자크 벤베니스트는 엄청난 부자가 될 것이다.

1997년에 벤베니스트는 저명한 프랑스 화학자 세 사람을 상대로 소송을 제기했다. 그들 중 두 명은 노벨상 수상자였고 공개적으로 벤베니스트의 연구에 의문을 표한 사람들이었다. 소송은 1998년 법정에서 기각되었다. 바로 그해에 자크 벤베니스트는 수상자 중 최초로 두 번째 이그노벨상을 받았다. 이번에는 물에서 추출한 기억을 전화나 인터넷으로 전송할 수 있다는 사실을 발견한 공로를 인정받은 것이었다.

자크 벤베니스트에게 두 번째 이그노벨상을 안겨 준 보고서에서 벤베니스트와 그의 동료들은 비커 하나에 담긴 물에서 기억을 추출했으며 그 기억을 전화선을 이용해 전송하는 데 성공했다고 발표했다. 그들은 전화선의 반대편 끝에서 확성기를 통해 다른 비커의 물에게 반대편 물의 기억을 20분간 재생시켰다. 그런 다음 두 번째 비커의 물을 죽은 실험용 쥐의 심장에 통과시켰다. 그 실험용 쥐의 심장은 마치 두 번째 비커의 물이 첫 번째 비커에 담긴 물의 기억을 똑같이 갖고 있는 것처럼 반응했다(주의 : 일부 평자들은 이러한 실험 개념을 이해하기 어렵다고 한다).

벤베니스트는 1991년에 그랬듯이 1998년에도 이그노벨상 시상식에 참석하지 않았다. 1998년 시상식에서는 마술사 제임스 랜디(James Randi)와 화학자 더들리 허슈바크가 개인적으로 벤베니스트에게 헌사를 했다.

벤베니스트는 프랑스에 있는 그의 연구소에서 「네이처」 기자에게 이그노벨상 수상에 대해 이렇게 언급했다. "두 번이나 이그노벨상을 수상하게 된 것을 기쁘게 생각합니다. 이 상을 시상하는 사람들이 아무것도 이해하지 못하고 있다는 것을 보여 주기 때문이지요. 노벨상의 경우 상을 시상하기 전에 우선 수상자의 연구 활동을 알아봅니다. 하지만 이그노벨상을 시상하는 사람들은 수상자의 연구에 질문도 해 보지 않고 상을 수여합니다."

「네이처」는 다음과 같이 글을 마무리했다.

"1986년 노벨 화학상을 수상한 하버드 대학의 더들리 허슈바크는 벤베니스트의 주장이 '우리가 알고 있는 분자들에 대한 생각과 부합하기 매우 어렵다'고 지적하면서 두 번째 이그노벨상이 벤베니스트에게 '매우 적절하게' 수여되었다고 평가했다. 벤베니스트가 이런 식으로 연구를 계속한다면 세 번째 이그노벨상을 수상할 날도 그리 멀지 않은 듯하다."

여기 노벨상 수상자 더들리 허슈바크가 이그노벨상을 두 번이나 수상한
자크 벤베니스트에게 바치는 감동적인 헌사가 있다. 그는 1998년 이그노벨
상 시상식에서 이 헌사를 낭독했다.

"불멸의 과학은 위대한 예술 작품과 같이 자연에 대한 새로운 시각을 열
어 줍니다. 자크 벤베니스트는 「네이처」에 놀라운 논문을 발표한 1988년에
이와 같은 일을 해냈습니다. 그는 논문을 통해 물이 어떤 생물학적 분자의
활동을 경험하면 그것을 아주 잘 기억하며 심지어 오랜 시간이 지나도 그
때 기억했던 생물학적 활동의 특징을 전송할 수 있다는 연구 결과를 발표
했습니다.

그 반향은 프랑스 문학의 고전인 마르셀 프루스트의 「잃어버린 시간을 찾
아서」처럼 초자연적 것이었습니다.

저는 처음에 그의 연구 성과에 대해 상당히 회의적이었다는 사실을 인정
할 수밖에 없습니다. 특정한 생물학적 활동이 전화선이나 인터넷을 통해
전송될 수 있다니 믿어지지 않았습니다. 하지만 벤베니스트는 단순히 물에
서 나오는 일반적인 가청 주파수대 신호를 녹음하는 방식으로 수천 번 같
은 실험을 할 수 있었다고 합니다. 이건 벤베니스트의 작업 방식인데, 실험
을 위해서는 반드시 물에 생체 분자의 적절한 진동 정보를 입력해야 하기
때문이랍니다. 저는 벤베니스트의 화장실(화장실을 의미하는 lavatory가 실험실
을 의미하는 laboratory와 발음이 비슷하다는 점을 이용한 말장난—옮긴이), 아니 실
험실에서 나온 여러 보고서를 읽어 보았습니다.

그 보고서 결과를 보고 저도 비슷한 실험을 하나 해 보았습니다. 진동하는
물에 아주 분명한 생물학적 활동 정보를 주입했고 아마도 물은 그 일을 기

억했을 것입니다. 저는 이 실험을 녹음했습니다. 그리고 이제 여러분께 전송합니다. (이 시점에서 허슈바크는 변기에서 물이 내려가는 소리를 재생했다.) 저는 여러분이 확실히 들었다고 믿습니다.

여러분이 쉽게 반복할 수 있는 이 실험은 벤베니스트의 놀라운 연구가 자연을 모방한 것이 아니라 자연의 부름(nature call, 배변 욕구)에 대한 새로운 관점을 제시하고 있다는 것을 알려 줍니다."

새기 전에 막는다!

이 발명품은 속옷을 보호하는 기능을 갖추고 있으며 특히 불쾌한 방귀 냄새를 제거하는 데 효과가 있다.

- 미국 특허 제5593398호 중에서

공식 발표문

콜로라도 주 푸에블로의 벅 와이머(Buck Weimer)에게 이그노벨 화학상을 수여한다. 그는 나쁜 냄새가 빠져나가기 전에 이를 제거하는 교체형 필터가 달린 밀폐 속옷을 개발했다.

냄새 정화 기능은 미국 특허 제5593398호('지독한 방귀 냄새를 정화하는 기능성 속옷')에 기술되어 있다. 이 발명품은 콜로라도 주 푸에블로의 기능성 속옷 회사에서 판매하고 있으며 남성용과 여성용이 출시되어 있다.

구입 문의 전화 888-438-5913(미국), 719-582-7782(미국 이외 국가), 홈페이지 (www.under-tec.com)

가히 폭발적이라 할 수 있는 아내의 독한 방귀에 수년 동안 고통스러워하던 벅 와이머는 이 문제를 해결할 방안을 스스로 찾게 되었다. 친절하게도 이 부부는 자신들이 찾은 해결책을 전 세계에 공개했다.

2001년 6월 콜로라도 주 지역 신문 「덴버 포스트(Denver Post)」
는 다음과 같은 기사를 실었다.

"푸에블로에 사는 62세의 벽 와이머는 6년 전 추수 감사절 저
녁 식사 후에 일어난 일을 이야기해 주었다. 그 당시 57세였던 벽
의 아내 알린은 크론씨 병이라는 질병을 앓고 있었는데 그 병은
장에 염증을 일으켜서 매우 독한 방귀를 뿜게 만들었다. 두 부부
가 한 이불을 덮고 침대에 누웠을 때 바로 그 일이 터졌다. 와이
머의 아내가 폭탄 수준의 고약한 방귀를 뀐 것이다.

'그때 저는 조용히 고통을 참으며 아내 옆에 누워 있었습니다.
아무 말도 하지 않았지만 마음속으로 결단을 내렸습니다. 무언가

조치를 취해야겠다고 말입니다.'라고 그는 회상했다. 그로부터 6년 후 벅 와이머는 특이한 발명품을 개발했다. 바로 독한 방귀 냄새를 제거하는 교체용 숯 필터를 장착한 속옷이다. 와이머는 이 발명품으로 1998년에 특허를 받았다.

이 속옷은 부드러운 밀폐성 나일론 소재로 만들어졌다. 허리둘레와 두 다리를 감싸는 부분은 신축성이 있다. 교체형 필터는 여성복 어깨 패드와 유사한 형태이며 두 겹의 호주산 양모 사이에 참숯이 들어가 있다.'

와이머가 속옷 개발 초기 단계에 했던 일은 기존의 방독 마스크를 연구하는 것이었다. 하지만 방독 마스크의 기능을 속옷에 접목시키는 데에는 한계가 있었다. 그는 새로운 방식으로 이 문제에 접근했고 결국 그리 복잡하지 않은 기술을 적용하여 얇은 속옷을 완성했다.

와이머가 개발한 필터에 대한 생물학자들의 반응은 긍정적이었다.

"다중 처리된 필터 패드는 방귀의 가스 중 1~2퍼센트만 걸러내는데 이 가스 대부분은 황화수소입니다. 나머지 가스는 패드를 통과하지만 이렇게 외부로 나가는 가스는 대부분 메탄 성분으로 냄새가 없습니다. 또한 필터 패드는 체열을 밖으로 배출하는 역할도 합니다."

공학자들도 와이머가 필터 패드를 개발한 방식을 칭찬했다.

"방귀를 외부로 내보낼 때 가스가 통과하는 삼각형 모양의 출구는 밑바닥 쪽에 가까우며 속옷의 뒷부분에 해당합니다. 이 출구는 포켓 모양으로 덮여 있는데 이 포켓 부분은 공기가 잘 통하는 천으로 바느질되어 있습니다. 이런 디자인 덕분에 가스가 포켓 부분으로 배출됩니다."

경영 전문가들 또한 와이머가 창립한 회사의 홍보 문구가 매우 인상적이라고 평가했다. 홍보 문구는 다음과 같다.

"사랑하는 사람을 위해 입으세요."

이 필터 달린 속옷은 남성용 박스형과 여성용 미디형이 출시되었고 교체용 필터도 저렴한 가격에 구매할 수 있다.

생물학적인 면에서나 사회적인 면에서 인류가 더 나은 상호 작용을 할 수 있게 한 공로를 인정받아 벅 와이머는 2001년 이그노벨 생물학상을 받았다.

벅 와이머와 그의 아내는 자비를 들여 이그노벨상 시상식에 참석했다. 벅 와이머는 시상하러 나온 노벨상 수상자들에게 자신이 개발한 방귀 냄새 방지 속옷을 선물하고 사용법을 설명해 주었다. 그는 수상 소감을 다음과 같이 밝혔다.

"제 수상 소감은 노래 가사로 대신하겠습니다. 여러분 모두가 아는 노래일 겁니다. 노래 제목은 '이매진(Imagine)'입니다."

상상해 보세요. 방귀 냄새 없는 세상을.

당신이 노력한다면 가능하답니다.

방귀 냄새 때문에 코를 틀어막을 일도 없고

아슬아슬한 순간도 사라질 겁니다.

상상해 보세요.

모든 사람이 방귀 냄새 방지 속옷을 입는 그날을.

당신은 나를 몽상가라 비웃을지도 몰라요.

하지만 나는 혼자가 아니에요.

아내가 늘 내 곁에 있답니다.

언젠가 당신도 우리 편에 서게 될 날이 올 겁니다.

필터 달린 방귀 냄새 방지 속옷으로

세상은 하나가 될 겁니다.

방귀 소리까지 사라지는 그날을 상상해 보세요.

상상할 수 있겠어요?

그때가 되면 이혼이나 별거를 할 이유가 사라질 겁니다.

부끄러움이나 죄책감에서 해방될 수 있습니다.

상상해 보세요.

모든 사람이 방귀 냄새 방지 속옷을 입는 그날을.

거의 끝나갑니다.

당신은 나를 몽상가라 생각할지도 모릅니다.

하지만 나는 혼자가 아니에요.

아내가 늘 내 곁에 있답니다.

언젠가 당신도 우리 편에 서게 될 날이 올 겁니다.

필터 달린 방귀 냄새 방지 속옷으로

세상은 하나가 될 겁니다.

비커는 위험하다

이 항에서 '화학 실험용 유리 제품'은 관리 물질을 제조하기 위해 고안되고 만들어지고 개조된 모든 비품을 가리킨다. 여기에는 다음과 같은 것들이 포함된다.
1) 농축기
2) 증류용 기구
3) 진공 건조기
4) 삼목 플라스크
5) 증류용 플라스크
6) ……

−텍사스 실험용 유리 제품 관련 법 중에서

공식 발표문

이그노벨 화학상을 현명하고 논리적인 입법가인 텍사스 주 상원의원 밥 글래스고 (Bob Glasgow)에게 수여한다. 밥 글래스고는 1989년에 약물 규제법을 지원하고자 비커, 플라스크, 시험관 등 기타 실험용 유리 제품을 허가 없이 구입하는 것을 금하는 법을 입안했다. 유리 제품 관련 법규는 '텍사스 관리 물질 조례'의 일부분으로 버닌 텍사스 시민법 4476−15항과 텍사스 건강 안전 규약(481.080) 17−20항에 기재되어 있다. 1989년 71차 정기 의회에서 수정한 이 규약이 어떻게 행정 해석되었는지는 텍사스 행정 조례, 특히 37−TAC−13.131을 참고하라.

세상에는 자기 자리를 지키는 데에만 급급한 정치인이 있는가 하면 국민을 지키려고 지나치게 열심히 일하는 정치인도 있다. 이들은 위험해질 수 있고, 그래서 금지할 수 있는 것들이 뭐가 있는

지 결연한 태도로 계속 주시한다. 텍사스 주 상원의원 밥 글래스고는 극단적으로 단호하고 과도하게 주의 깊었다.

1989년에 밥 글래스고는 비커나 플라스크 같은 실험용 유리 제품을 불법 마약 장비로 간주하자고 텍사스 주 의회 동료 의원들을 설득했다. 의원들은 글래스고의 주장에 동의했다. 결국 텍사스 법에 의해 이런 비품을 주 정부의 허가 없이 사고팔거나 무상으로 제공하는 행위는 A급 경범죄가 되었다. 법을 위반하는 사람은 1년 이하의 징역이나 4,000달러 이하의 벌금형에 처해진다.

실험용 유리 제품 구입 및 사용 신청은 텍사스 공공 안전국에서 관할한다. 허가 신청서에는 여덟 쪽 분량의 설명서가 포함되어 있고 허가서만 일곱 쪽에 달한다.

이제 텍사스 주 밖에 거주하는 사람도 허가를 받지 않고 텍사스 주에 사는 누군가에게 엘렌메이어 플라스크, 플로렌스 플라스크, 유리 깔때기, 이국적인 이름이 붙은 속슬렛(Soxhlet) 추출기 등 오래된 실험 기구를 보내는 것은 불법이라는 사실을 알아야 한다. 텍사스 주 정부는 부주의 때문에 밥 글래스고의 제한 규정을 어기는 사람들의 뒤를 쫓는다.

밥 글래스고는 1993년에 주의회를 떠났고 지금은 텍사스 스티븐빌에서 변호사 사무실을 운영하고 있다. 밥 글래스고의 회사 홈페이지(www.robertjglasgow.com)는 1987년 「텍사스 먼슬리(Texas Monthly)」 지가 뽑은 '최고의 주 의원 10인'에 글래스고의 이름이

들어 있다고 자랑스럽게 명시하고 있다. 그러나 같은 잡지가 1989년에는 글래스고의 이름을 '최악의 주 의원' 명단으로 옮겼다는 사실은 언급하지 않는다. 밥 글래스고의 홈페이지에는 또한 어떤 설명도 없이 그가 1991년 5월 11일 텍사스 주지사로 봉직했다는 상당히 의심스러운 이력이 게시되어 있다.

시험관과 비커들로부터 국민을 보호한 공로로 밥 글래스고는 1994년에 이그노벨 화학상을 받았다.

수상자는 이그노벨상 시상식에 참석하지 않았다. 그래서 이그노벨상 위원회는 실험용 유리 제품 제조업자에게 헌사를 부탁했다. 코닝 사의 팀 미첼(Tim Mitchell)이 시상식에 참석하여 다음과 같이 자신의 생각을 피력했다.

"진짜 수상자를 대신해 이 상을 받으러 왔습니다. 오늘 이 시간 저는 텍사스 입법가들에 의해 백일하에 드러난 뜨거운 사회적·과학적 이슈에 대해 몇 말씀 드리려 합니다. 바로 미국에서 시험관, 비커, 기타 실험 기구 들을 제한이나 규제 없이 판매하는 문제에 관해서입니다.

지금 텍사스에서는 실험용 유리 제품 관련 법을 수정하라고 주 정부를 설득하는 민중 운동이 일어나고 있습니다. 이들 단체는 유리 제품을 금지하는 대신에 5일간의 냉각 기간을 달라고 요구합니다. 냉각 기간만으로도 사람들이 비커를 구입하고 그것을 자신이나 타인을 해롭게 하는 데 사용하려는 생각을 단념하게 하기에 충분하다고 말입니다.

저로서는 냉각 기간만으로 충분할지 의문이긴 합니다. 아시다 시피 이 법은 시험관에서 시작됐습니다. 여러분은 아마 이렇게 생각하시겠죠. '이봐, 제발 시험관만이라도!' 그러나 곧 수요가 급증하여 시험관만으로는 충분하지 않게 될 겁니다. 여러분은 점점 더 많이 실험하고 싶어 할 겁니다. 그리고 여러분이 그 사실을 미처 알아채기도 전에 여러분은 한 손에는 속슬렛 추출기를, 다른 손에는 삼목 플라스크를 들고 실험실 구석에 처박혀 있을 겁니다. 일렬로 서서 보조금을 구걸하면서 말입니다."

다목적 산부인과 의사

제 남편의 정자를 받은 사람은 운이 좋은 거예요.
— 세실 제이콥슨의 아내 조이스의 「피플(People)」지 인터뷰 중에서

공식 발표문

세실 제이콥슨(Cecil Jacobson) 박사에게 이그노벨 생물학상을 수여한다. 제이콥슨 박사는 정자를 엄청나게 기증했을 뿐 아니라 정자은행에서 가장 많은 정자를 보유하고 있으며 정자의 질을 관리하는 매우 단순하면서도 독자적인 방식을 고안해 냈다.

1994년에 릭 넬슨(Rick Nelson)이 쓴 『아기 만드는 남자 : 인공 수정 사기 행각과 세실 제이콥슨 박사의 몰락(The Babymaker : Fertility Fraud and the Fall of Dr. Cecil Jacobson)』이라는 책에서 제이콥슨 박사의 행적에 대한 더 많은 이야기를 확인할 수 있다.

세실 제이콥슨 박사는 그야말로 대가족을 이룬 사람이다. 하지만 여기서 대가족이라는 단어는 일반적으로 쓰이는 것과 다른 의미라는 사실에 주의해야 한다! 한편으로 제이콥슨 박사는 잉태되지도 않은 아기들의 존재를 조작했다. 그는 수백 명의 여성들에게 그들이 임신했다고 말했지만 사실이 아니었다. 다른 한편으로 그는 아기를 가진 환자들에게 그 많은 아기들의 생물학적인 아버지가 자신이라는 사실을 결코 언급하지 않았다. 제이콥슨 박사의 아내는 남편의 정자를 받은 사람들이 매우 기뻐하고 자랑스러워해야 한다고 주장했다.

세실 제이콥슨 박사는 워싱턴 D.C. 외곽에 위치한 버지니아 주 비엔나에서 불임 클리닉을 운영했다. 그의 전문 분야는 여성이 임신하도록 돕는 것이었다.

그의 병원에서 근무하는 의사는 단 한 명뿐이었는데 바로 제이콥슨 박사 자신이었다. 병원에는 행정을 돕는 몇몇 직원이 근무했는데 그중에는 아내 조이스와 자녀들도 있었다.

제이콥슨 박사는 제법 명성이 높았고 병원에는 꽤 많은 환자가 몰려들었다. 초창기에는 실제로 상당히 성공적인 실력을 발휘한 덕분이기도 했지만 자신의 실력을 교묘하게 포장하고 부풀린 탓이 더 컸다. 젊은 시절에 그는 꽤 선구적인 기술을 사용할 수 있는 몇 안 되는 의사였다. 당시에는 태아 감별 기술을 이용하여 태아의 건강을 진단하는 기술이 흔하지 않았다. 그 후 그는 여러 병원을 옮겨 다니면서 근무했다. 그와 함께 근무한 상사들은 그가 실력은 없으면서 말만 앞서는 사람이라고 평가했다. 결국 그는 근무했던 병원들에서 해고당했지만 사람들에게는 이 사실을 숨겼다. 그리고 이전에 근무했던 병원들과 여전히 협력 관계에 있는 것처럼 꾸몄다.

불임으로 고통받는 부부들은 절망적인 상태가 되기 쉽다. 불임의 고통에 심각하게 시달리는 절박한 부부들이 제이콥슨 박사를 찾아갔다.

일반적인 산부인과 의사들과는 달리 제이콥슨 박사는 산모에게 여러 가지 검사를 받게 했다. 검진 시에도 질문을 거의 하지 않았다. 환자의 이야기를 듣기보다는 자신이 이야기를 늘어놓는 사람이었다.

그는 정말 말을 많이 했다. 불임 여성들에게 임신에 성공하게 해 주겠다고 말했다. 실패는 절대 없을 거라며 성공을 장담하기도 했다. 우선 남편과 꾸준히, 그리고 자주 성관계를 갖는 것이 중요하다고도 말했다. 몇몇 부부에게는 여러 주 동안 매일 성관계를 가지라고 처방하기도 했다.

제이콥슨 박사는 매우 교묘한 방법을 쓰기도 했다. 여성들에게 인체에 유해하지 않다고 알려진 인간 융모성 생식선 자극 호르몬(Human Chorionic Gonadotrophin, HCG)이라고 불리는 호르몬을 주사하곤 했는데, 이를 통해 두 가지 이득을 취할 수 있었다.

우선 여성들에게 수십 번씩 주사를 맞도록 처방하고 주사 한 대당 비싼 금액을 청구했다. 이러한 방식으로 그는 큰돈을 벌었다. 전문의라고는 제이콥슨 박사 한 명밖에 없는 그의 병원은 결국 전 세계에서 가장 많은 양의 HCG 호르몬제를 구매하는 병원으로 기록되었다. 그는 HCG 호르몬제를 값싸게 대량 구매해서 터무니없이 높은 가격으로 처방했다.

둘째로 HCG 호르몬 주사 요법은 환자들에게 잠시나마 기쁨을 주었다. 비록 거짓 기쁨이긴 했지만 말이다. HCG 호르몬 주사를 맞은 여성은 혈관 속의 HCG 호르몬 함량이 높아져 간단한 임신 테스트에서는 양성 반응이 나타난다. 한번은 제이콥슨 박사가 폐경이 된 49세 여성에게 임신에 성공하게 해 주겠다고 장담한 적이 있었다. 그리고 다량의 HCG 호르몬을 그녀에게 주입했다. 그 후 진행한 임신 테스트는 마치 그녀가 임신에 성공한 것처럼 나타났다. 제이콥슨 박사는 일단 환자들에게 임신에 성공했다고 말한 다음 초음파 사진을 아주 흐릿하게 찍어서 태아의 형태가 사진 속에 나타났다고 환자들을 안심시켰다. 이런 사진을 보고 나면 부부들은 임신에 성공했다고 믿고 매우 기뻐했다. 그 후 수개월 혹은 수주에 걸쳐 제이콥슨 박사는 흐릿하고 애매한 이미지로 조작된 초음파 사진을 부부들에게 보여 주었다.

또한 임신했다고 믿는 여성들에게 태아가 위험해질 수 있다면서 다른 의사에게는 진찰이나 정기 검진을 받지 말라고 경고했다. 하지만 가끔은 다른 병원이나 의사에게 검진을 받는 환자들도 있었다. 그런 환자들은 자신이 임신한 상태가 아니라는 사실을 알게 되어 충격을 받기도 했다. 너무 놀라서 제이콥슨 박사를 다시 찾아온 환자들에게 그는 자주 발생하는 자연 유산이 일어난 경우라고 설명했다. 또한 태아가 어머니의 몸에 흡수되어 흔적이 남지 않은 것이라고 말했다. 그러고는 다시 HCG 호르몬 주사를 맞으면서 지속적인 성관계를 시도하라고 권유했다. 많은 환자들이 순순히 그의 말을 들었고 몇 년 동안이나 힘든 치료 과정을 반복했다.

이제까지 설명한 세실 제이콥슨의 행적들만 해도 역사적으로 전무후무한 것이다. 이 정도만으로도 신문에 대서특필되거나 경찰에 체포되기에 충분하다. 하지만 그를 더 유명하게 만든 것은 몇몇 환자들에게 제공한 사소한 부가 서비스 때문이었다.

사실 몇몇 여성들은 제이콥슨 박사의 치료를 통해 임신에 성공하기도 했다. 제이콥슨 박사는 자신의 환자들이 임신에 성공하면 즉시 다른 산부인과로 검진을 다니도록 권했다. 임신에 성공한 환자들은 두 부류였는데, 한 부류는 자연적으로 임신에 성공한 경우였고 다른 부류는 제이콥슨 박사를 통해 인공 수정을 받은 경우였다.

제이콥슨 박사는 인공 수정을 받은 모든 환자에게 인공 수정에 사용된 정자는 익명의 기증자로부터 받은 것이고 정자 기증자는 환자 남편과 유사한 신체적 특징을 지니고 있다고 말했다. 하지만 인공 수정에 사용된 모든 정자는 제이콥슨 박사 자신의 것이었다.

1991년 세실 제이콥슨은 총 53가지 사기 혐의로 기소되었다. 고발인들은 실제 세실 제이콥슨이 저지른 전체 범죄에 비하면 기소된 조항들은 빙산의 일각일 뿐이라고 주장했다. 그들은 약 75명의 아이들이 제이콥슨 박사의 정자를 받아 태어났을 것이라고 추정했다.

결국 세실 제이콥슨 박사의 편에 선 사람은 거의 없었다. 하지만 세실 제이콥슨의 고향인 유타 주 출신 상원의원 오린 해치 (Orrin Hatch)는 그의 행동이 의사로서 매우 숭고하고 영웅적인 것이며 그는 부당하게 비난받고 기소당했다고 지지 입장을 표명했다.

제이콥슨은 모든 기소 혐의에 대해 유죄 판결을 받았으며 징역형을 선고받았다. 또한 1992년 이그노벨 생물학상 수상자로 선정되었다.

수상자인 제이콥슨 박사는 이그노벨상 시상식에 참석하지 않았다. 그가 시상식에 참석하고 싶어 했는지 어떤지는 알 수 없다. 그는 5년 형을 선고받았기 때문이다.

대합조개의 고귀하고도 행복한 최후

세로토닌으로 활성화되는 인간 뇌의 시냅스(신경 세포 뉴런 사이의 인접 부위 - 옮긴이)에서 선택적 세로토닌 재흡수 억제제는 세로토닌 재흡수 운반체의 활동을 억제하여 세로토닌이 효과적으로 신경에 전달되도록 돕는다. 이러한 억제제로는 플루옥세틴(fluoxetine, 또는 프로잭)과 플루복사민(fluvoxamine, 또는 루복스), 파록세틴(paroxetine, 또는 팍실)이라는 물질이 있다. 인간에게 있어 세로토닌은 식욕과 수면, 각성, 우울증 같은 행동을 통제한다. 조개처럼 껍데기가 두 개 있는 쌍각류와 연체동물의 경우 세로토닌은 산란, 난자 성숙, 초기 소수포 분열, 정충 활성화, 분만과 같은 생식 과정에 현저한 영향을 미친다.

– 피터 퐁 외 다수가 작성한 보고서 중에서

공식 발표문

이그노벨 생물학상을 펜실베이니아 주 게티즈버그 소재 게티즈버그 대학의 피터 퐁(Peter Fong) 교수에게 수여한다. 수상자는 대합조개에게 프로잭을 투여하여 조개의 행복 증진에 기여한 공로를 인정받았다. 피터 퐁, 피터 T. 휴민스키(Peter T. Huminski), 리네트 M. 듀소(Lynette M. D'urso)가 공동으로 행한 이 연구는 1998년에 「선택적 세로토닌 재흡수 억제제 사용에 따른 대합조개 번식의 인공적 유발과 활성화」라는 제목으로 「실험 동물학 저널(Journal of Experimental Zoology)」 280권 260~264쪽에 실렸다.

1987년에 처음 소개된 이후 프로잭은 가장 많이 처방되는 항우울제가 됐다. 주로 사람에게 쓰이지만 때로는 고양이와 개를 비롯한 애완동물에게도 사용되고 있다.

피터 퐁 교수는 프로잭을 대합조개에게 투여했는데, 그에겐 그렇게 할 만한 아주 합당한 이유가 있었다.

이제부터 하려는 이야기는 주로 성생활에 관한 것이다.

대중에게 프로잭이라는 이름으로 잘 알려진 플루옥세틴은 많은 환자들을 심각한 우울증으로부터 끌어내는 효과가 있다. 이러한 효능 때문에 프로잭은 의사들과 환자들 사이에서 갑자기 그리고 엄청나게 인기몰이를 하고 있다. 다른 약과 마찬가지로 플루옥세틴 역시 약효를 볼 수도 있고 보지 못할 수도 있다. 즉 어떤 이들에게는 마법과 같은 효과를 보이지만 다른 이들에게는 효과가 거의 없거나 전혀 없기도 하다. 또한 어떤 환자들에게는 '치고 빠지는' 효과를 나타내기도 한다. 이런 사람들에게 플루옥세틴은 성욕을 저하시키거나 없애 버리는 부작용을 일으키기도 한다.

하지만 처음부터 성욕을 위해 플루옥세틴을 투여하면 정반대 효과가 나타난다는 흥미로운 단서들이 오래전부터 있었다. 1993년 「임상 정신 의학 저널(Journal of Clinical Psychiatry)」에 발표된 보고서에 따르면 "플루옥세틴이 성적인 부분에 미치는 효과는 기존에 생각했던 것보다 훨씬 다양할 수 있다."고 한다. 이 보고서의 제목은 「장년 남성 세 명의 성기능 회복과 플루옥세틴의 관계」이다.

이런 내용이 사실이라면 프로잭을 대합조개에게 투약함으로써 그 작은 동물의 성생활에 행복한 영향을 끼칠 수 있다는 것이 전혀 허무맹랑한 이야기는 아닐 것이다. 하지만 이런 가능성을 알고 있던 피터 퐁 교수도 정작 그 어마어마한 효능에 대해서는 충분히 대비하고 있지 않았던 것으로 보인다. 그가 플루옥세틴을 대합조개에게 투여한 결과는 성적인 의미에서 진정 스펙터클했다.

피터 퐁 교수는 실험의 일환으로 플루옥세틴을 대합조개에게 투여했다. 그가 대합조개를 선택한 이유는 대합조개와 인간이(소, 바닷가재, 오징어, 그리고 많은 다른 동물들도) 신경 조직 내부 깊숙한 곳에서 놀라울 만큼의 유사성을 보여 주기 때문이었다. 세포 단위의 수준에서 보면 대합조개 내부에서 일어나는 많은 일이 인간 내부에서도 동일하게 일어난다. 과학자들은 대합조개를 만지작거리고 측정하고 프로잭을 먹여 신경 조직을 연구하면서 때때로 인간 존재에 대한 놀라울 정도로 유용한 정보를 많이 얻곤 한다. 게다가 대합조개를 상대로 하는 실험은 인간을 상대로 하는 같은 종류의 실험보다 서류 업무는 적으면서 일은 빠르고 값싸게 진행할 수 있다.

퐁이 발견한 플루옥세틴의 효능이 과학적으로 아무 가치가 없었던 것은 아니다. 그때나 지금이나 플루옥세틴과 그와 유사한 화학 물질들이 어떻게 작용하는지 완벽하게 이해하는 사람은 아무도 없다. 신경 조직의 활동은 복잡하고 미묘해서 그 비밀을 들추어내는 것은 참으로 어려운 일이다. 그럼에도 불구하고 피터 퐁 교수는 감춰진 보물을 일부 발견했다.

퐁이 발견한 내용은 이렇다. 만일 프로잭을 대합조개에게 먹인다면[적어도 '손톱조개(fingernail clams)'라고 알려진 스패리움 스트리안티눔(Sphaerium striantinum) 종의 조개에게 먹인다면], 그것들은 미친 듯이 생식 활동을 시작할 것이다. 보통 수준의 거의 열 배에 해당하는 속도로 말이다.

이처럼 피터 퐁 교수 덕택에 우리는 프로잭이 손톱조개의 신경 조직과 생식 활동에 중요하고 심오한 효능을 나타낸다는 것을 알게 되었다. 이를 증명한 공로로 피터 퐁 교수는 1998년 이그노벨 생물학상을 수상했다.

　수상자는 그날 강의가 있어서 시상식에 참석하지 못했다. 대신 시상식에서 발표할 수상 소감을 보내왔다. 『프로잭에게 귀 기울이기(Listening to Prozac)』의 저자 피터 크레이머(Peter Kramer) 박사가 시상식에서 퐁 교수의 수상 소감을 크게 낭독했다.

　"지금까지도 많은 분들이 어떻게 프로잭으로 대합조개에게 성행위를 시킬 생각을 했냐고 묻곤 합니다. 사실 그것은 우연히 일어난 사고에 가깝습니다. 어느 늦은 밤이었습니다. 제 연구실에 앉아 있었는데 몹시 낙담한 상태였죠. 의자에서 일어나면서 칠칠치 못하게 제가 처방받은 프로잭 약병을 넘어뜨리는 사고를 치고 말았습니다. 그리고 예닐곱 알이 대합조개로 가득한 수족관에 떨어지는 것을 그저 망연자실하게 바라보고 있었습니다. 그런데 아주 놀랍게도 대합조개들이 정충과 난자를 대량으로 물속에 쏟아 놓기 시작하는 것 아니겠습니까! 그 순간 절망감이 순식간에 사라졌습니다. 나머지는 아시는 바와 같습니다. 저는 프로잭 제조 회사에 감사를 표합니다. 그리고 대합조개에게 경의를 표합니다. 그 고귀한 동물들은 그들의 생을 제 연구에 바쳤습니다. 하지만 적어도 그들은 죽기 전에 섹스를 했고 섹스와 더불어 세상을 떠났습니다. 대합조개로서 이보다 더 행복한 죽음이 어디 있겠습니까."

　퐁 교수는 생물의 번식과 관련된 다른 분야도 연구했으며 해
양 무척추동물의 생태 연구에도 기여했다. 2001년에는 「실험 동
물학 저널」에 논문을 한 편 발표했는데, 그 논문에서 그는 바이
옴팔라이아 글라브라타(Biomphalaia glabrata)라는 달팽이의 생식 기
관이 발기하는 원리를 명확하게 밝히고 있다.

　퐁 교수가 자신에게 이그노벨상의 영예를 안겨 준 주제에서 완
전히 이탈한 것은 아니다. 프로잭과 대합조개에 대한 연구를 좋
아했던 이들에게 희소식이 하나 있다. 2002년에 퐁 교수는 『의
약품 및 신체 보호 제품이 환경에 미치는 영향(Pharmaceuticals and
Personal Care Products in the Environment)』이라는 책의 한 장(章)을 썼
다. 그 장의 제목은 바로 '항우울제가 해양 생물에게 미치는 영향'
이다.

인류의 조상은 '미니미'

여기 보이는 '미니 인간(miniman)'은 지금의 개미만큼 크기가 작았다. 몇 번의 진화를 거친 다음에는 동굴에서 살았거나 방해석 또는 그와 유사한 종류의 석판으로 만든 간단한 형태의 집에서 살았던 것으로 보인다. 게다가 그들은 문자를 알고 있었고, 방해석을 구워서 시멘트를 만드는 방법과 도자기를 만드는 방법까지도 알고 있었다.
— 「오카무라 화석 연구소 보고서(Original Report of Okamura Fossil Laboratory)」,
271쪽 사진 설명

공식 발표문

이그노벨상 생물 다양성 부문을 일본 나고야에 위치한 오카무라 화석 연구소의 오카무라 초노스케에게 수여한다. 그는 길이가 0.25밀리미터보다도 작은 공룡, 말, 용, 공주뿐만 아니라 무려 1,000개가 넘는 멸종된 '미니(mini)' 종의 화석을 발견했다.

그의 연구는 일본 나고야에 위치한 오카무라 화석 연구소에서 출판한 「오카무라 화석 연구소 보고서」를 통해 1970년대에서 1980년대까지 시리즈로 발표되었다. 한편 필라델피아에 있는 자연 과학 아카데미(Academy of Natural Sciences)에서 일하는 얼 스패머(Earle Spamer)는 오카무라 초노스케에 관한 한 세계적인(그리고 아마도 유일한) 전문가다. 스패머는 세 편의 논문을 통해 오카무라의 연구를 설명하려고 시도한 바 있다. 스패머의 논문은 「황당무계 연구 연보」 1권 4호(1995년 7·8월)와 2권 4호(1996년 7·8월), 6권 6호(2000년 11·12월)에 게재되었다. 여기 소개하는 내용은 대부분 스패머의 보고서에 기초한 것이다.

어떤 일본인 과학자가 현미경으로 바위를 조사하고 나서 현대의 모든 살아 있는 생물들이 오늘날 볼 수 있는 생물체와 똑같지만 단지 크기만 아주 작은 생물체의 후손이라는 사실을 발견했다. 그는 이 멸종된 조상에게 '미니 생물(mini-creature)'라는 이름을 붙여 주었다.

오카무라 초노스케는 그리 매력적이지 않은 종류의 화석을 전문으로 연구하는 고생물학자였다. 그의 연구 대상은 주로 고대 오르도비스기에서 제3기까지의 무척추동물과 해조류였다. 그는 무미건조하고 재미없는 보고서들을 발표했다.

그러나 「오카무라 화석 연구소 보고서」 13호와 함께 모든 것이 변했다. 그 보고서에서 오카무라는 기타가미 산 능선의 실루리아기 지층에서 발견한 아주 잘 보존된 오리 화석 사진을 공개했다. 기존에 알려지지 않은 종으로 오카무라는 이것을 아르캐오아나스 자포니카(Archaeoanas japonica)라고 불렀다. 이것을 찍은 사진은 오카무라가 묘사하는 것과 같이 '실루리아기에 산 채로 매장되는 바람에 그대로 굳어진 상태'의 표본을 보여 준다. 길이는 겨우 9.2밀리미터 정도다. 이 미니 오리는 그 크기가 아스피린 한 알 정도에 불과한 셈이다.

오카무라의 후속 보고서에는 깜짝 놀랄 만큼 많은 종류의 미니 생명체 화석 사진이 가득하다. 각각의 사진에는 사람들이 쉽게 이해할 수 있도록 다이어그램이 곁들여 있으며 오카무라가 일본어와 서툰 영어로 직접 작성한 흥미로운 설명이 붙어 있다.

그는 미니 물고기, 미니 파충류, 미니 양서류, 미니 조류, 미니 포유류, 미니 식물에 대해 묘사하고 있다. 심지어 그의 보고서에는 파이팅드라코누스 미니오리엔탈리스(Fightingdraconus miniorientalis), 트위스트드라코누스 미니오리엔탈리스(Twistdraconus miniorientalis)와 같은 미니 공룡에 관한 내용도 있다. 새롭게 발견된 화석 종 대부분은 현대 종의 아류들이다. 오카무라가 소개한 것들은 다음과 같다. 미니 살쾡이(학명 Lynx lynx minilorientalis), 미니 고릴라(학명 Gorilla gorilla minilorientalis), 미니 낙타(학명 Camelus dromedarius minilorientalus), 실루리아기의 미니 뱀(학명 Y. y. minilorientalis), 미니 북극곰(학명 Thalarctos maritimus minilorientalus), 그리고 '세인트 버나드와 특징이 매우 비슷하지만 크기는 겨우 0.5밀리미터밖에 안 되는' 미니 개(학명 Canis familiaris minilorientalis) 등이다.

오카무라는 멸종된 종의 원시 형태도 발견했다. 미니 익룡(학명 Pteradactylus spectabilis minilorientalus), 아이들에게 인기가 많은 미니 브론토사우루스(학명 Brontosaurus excelsus minilorientalus)가 대표적인 예이다.

소개된 모든 동물은 길이가 1센티미터보다 작다. 어떤 것들은 거의 1밀리미터도 안 된다.

오카무라의 설명에 나타난 특이한 점은 과학적 추론과 공존하는 그의 동정 어린 시선이다. 일례로 그는 미니 살쾡이를 설명하면서 다음과 같이 말하고 있다.

"몇몇 살쾡이들은 갑작스런 천재지변에 분노로 경악한 것처럼 보이지만 다른 살쾡이들은 현실에 무관심하거나 저항할 힘을 잃고 가슴에 얼굴을 파묻고 있다. 이런 행동은 어느 정도 지능이 있음을 보여 주는 심리적 행동이다."

당연한 수순처럼 오카무라는 미니 인간(학명 Homo sapiens minilorientales)을 발견했다는 주장으로 유명해졌다. 그는 인간의 원시 선조를 수백 장의 현미경 삽화와 장황하고 자세한 해부학적 해석을 통해 묘사했다. "여기 소개된 나가이와 미니 인간은 현대 인류와 형태는 똑같고 크기만 350분의 1 정도다." 오카무라는 이 사람들이 사용한 도구들도 묘사했는데 그중에는 '최초의 금속 도구 중 하나'라는 설명도 있다.

오카무라는 미니 인간들의 삶에 대해 예리한 통찰을 보여 주고 있다. 그가 관찰한 세 가지 내용을 살펴보자.

– 그림 70번에 있는 모든 여성들은 입을 다물고 있으며 쏟아지는 진흙 속에 산 채로 매장당하는 고통을 겪고 있는 것으로 보인다. 반면 입을 크게 벌린 그림 1번의 나이 든 여성은 정신을 잃은 것처럼 보인다.

– 이 사진에서 옷을 벗은 두 사람은 서로 마주 보고 있으며 손과 발을 조화롭게 움직이고 있다. 요즘 스타일의 춤을 추고 있다고 생각하지 않을 수 없다.

– 그들은 여러 신을 믿었고 많은 우상을 세웠다.

오카무라는 '가장 오래된 헤어스타일', '고뇌 노동자로 보이는 빠른 걸음의 나가이와 여성 미니 인간', '귀족 신분이었을 것 같은 여성 미니 인간', '용의 소화 기관 속에 있는 미니 인간의 머리' 등을 강조했다.

　나가이와 미니 인간들은 광범위한 종류의 조각을 만드는 예술가이기도 했다. 오카무라에 따르면 가장 정교한 작품은 용의 목위에 앉아 있는 여성의 전신상이다. 오카무라는 머리에 모자를 쓰고 있는 것으로 보이는 그 여성이 꽤 크면서 약간 처진 가슴을 가진 것으로 보아 일종의 여신이 아닐까 짐작했다.

　나가이와 미니 세계는 목가적인 풍경은 아니었다. 오카무라의 생생한 묘사 중에는 다음과 같은 것들이 있다. "거의 젖먹이 같은 원시 미니 인간 남자와 원시 미니 인간 여자가 모두 용을 대적한다.", "여자 아이 목을 조르고 있는 용.", "사나운 용에게 제물을 바치고 있는 미니 인간." 하지만 이 모두는 그의 생생한 표현 중 극히 일부에 불과하다. 오카무라 보고서의 방대하고 자세한 묘사는 끝이 없다.

　미니 인간과 용의 관계는 상당히 불편했던 것으로 보인다. 오카무라의 해석이 맞는다면 말이다.

　"오카무라가 결론 내린 것에 비추어 보아 고대의 미니 인간들은 지적 수준이 높았지만 자신들을 보호할 수단으로는 그저 손톱만을 가지고 있었다고 할 수 있다. 자유로운 앞 팔을 이용해 막대기를 낚아채거나, 혹시 있었을지도 모르는 원시적인 금속 무기,

또는 단순하게 가공한 돌을 사용했을 수도 있다. 그렇더라도 피에 굶주린 수많은 용의 게걸스런 식탐을 이겨 내기에는 역부족이었을 것이다."

미니 인간의 초창기 형태는 손이 없지만 오카무라는 이렇게 설명하고 있다. "손을 이용해 용에 맞서 싸웠다고 해도 별다른 차이가 있지는 않았을 것이다. 용은 너끈히 사람들을 물리쳤을 테니 말이다. 아마도 사람들에게 치명적인 상처를 입힌 후 그들의 몸을 박살냈을 것이다."

오카무라의 깜짝 놀랄 만한 연구 결과에는 감정적인 부분이 있다. 저자는 "미니 인간들의 명복을 빌기 위해 최선을 다하겠다."고 책에 적고 있다.

오카무라 화석 연구소는 1987년 이후 새로운 연구 실적을 발표하지 않고 있다. 오카무라 초노스케는 현직에서 은퇴하고 은둔한 것으로 보인다. 그의 주의 깊고 세심한 연구는 세상에 알려지지 않은 채 표류했고 이름을 얻지 못한 과학자가 어떻게 되는지를 보여 주는 서글픈 사례가 되었다.

우리의 과거에 대한 아주 조그마한 크기의 단서를 발견한 공로를 인정받아 오카무라 초노스케는 1996년에 생물 다양성 부문에서 이그노벨상을 수상했다.

그는 이그노벨상 시상식에 참석하지 않았다. 이그노벨상 위원회는 오카무라를 찾으려고 노력했지만 실패했다.

오카무라 초노스케는 「오카무라 화석 연구소 보고서」를 전 세계 수많은
도서관에 보냈다. 그러나 이 보고서를 보관해 온 곳이 많지는 않은 듯하
다. 오카무라에 관한 모든 것의 전문가인 얼 스패머는 벼룩시장을 이용해
간신히 보고서를 얻을 수 있었다. 그리고 아직까지 오카무라 보고서를 소
장하고 있는 몇몇 기관의 목록을 작성했다.

필라델피아 소재 자연 과학 아카데미(Academy of National Sciences)

콜로라도 광업 학교(Colorado School of Mines)

코넬 대학(Cornell University)

덴버 공공 도서관(Denver Public Library)

필드 자연사 박물관(Field Museum of National History)

하버드 대학 비교 동물학 박물관(Harvard University, Museum of Comparative
Zoology)

켄트 주립 대학(Kent Sate University)

로드 아일랜드 주 내러갠세트 펠 해양 과학 도서관(Pell Marine Science
Library)

스미스소니언 협회(Smithsonian Institution)

버지니아 주 레스턴 미국 지질 연구소(US Geological Survey)

캘리포니아 주립 대학 LA 캠퍼스(University of California at Los Angels)

캘리포니아 주립 대학 샌디에이고 캠퍼스(University of California at San Diego)

휴스턴 대학교(University of Huston)

텍사스 대학교(University of Texas at Austin)

와이오밍 대학교(University of Wyoming)

수학과 통계학 부문

키가 크고 발이 크면?

키나 발 크기가 음경의 길이와 관계가 있다는 속설이 과연 근거가 있는 것인지를 알아보기 위해 63명의 신체 건강한 남성들을 대상으로 실험했다. 키와 쫙 펼친 음경의 길이를 먼저 측정했고 피험자들의 신발 사이즈를 발 크기로 변환해 기록했다. 통계적으로 음경의 길이는 키와 발 크기와 연관이 있기는 한 것으로 나타났으나 상호 연관성은 낮은 것으로 밝혀졌다. 따라서 키와 발 크기는 음경의 길이를 예측하는 데 적당하지 않다.

– 베인과 시미노스키의 보고서 중에서

공식 발표문

토론토에 위치한 시나이 산(山) 병원의 제럴드 베인(Jerald Bain)과 앨버타 대학의 케리 시미노스키(Kerry Siminoski)는 매우 정교한 측정을 통해 「키와 음경 길이, 발 크기의 상관관계」라는 논문을 제출하여 이그노벨 통계학상을 받았다.

두 사람의 연구는 1993년 발간된 「성(性) 조사 연보(Annals of Sex Research)」 6권 3호 231~235쪽에 실렸다.

과학은 '모두가' 믿는 것이 과연 진실인지 최선의 상태로 검증하는 역할을 한다. 제럴드 베인 박사와 케리 시미노스키 박사는 오래된 속설 하나를 검증했는데, 이 속설은 어떤 사람들은 진실이라고 믿고 싶어 하고 어떤 사람은 거짓이기를 간절히 바라는 것이었다. 두 사람은 줄자를 가지고 이 문제에 도전했다.

베인 박사와 시미노스키 박사는 논문에 다음과 같이 썼다.

"매우 널리 퍼져 있는 속설 중의 하나는 음경의 크기를 키나 다른 신체 부위(예를 들어 귓불이나 코, 엄지손가락, 발과 같은)의 크기로 대략 예측할 수 있다는 것이다. 만약 이런 속설을 받아들인다면 음경의 길이는 신체의 다른 기관의 크기와 정비례 혹은 반비례 관계에 있을 것이다. 이러한 속설을 과학적으로 증명하기 위해 우리는 음경의 길이와 신체와 관련된 두 가지 변수, 즉 키 및 발 크기와의 연관성을 연구했다."

이 연구를 위해 베인 박사와 시미노스키 박사는 신체의 각 부분을 측정하는 데 기꺼이 동의한 64명의 피험자를 모집했다. 베인 박사와 시미노스키 박사는 보고서에서 피험자들을 어떠한 방식으로 모집했는지는 밝히지 않았다.

베인 박사와 시미노스키 박사는 신체 각 부분의 측정을 완료했다. 피험자들의 신장은 157센티미터에서 194센티미터 사이였다. 발 크기는 24.4센티미터에서 29.4센티미터 사이였다. 마지막으로 음경의 길이는 6센티미터에서 13.5센티미터 사이였다. 음경은 주름이 펴진 상태로 측정되었다. 연구 보고서에서 두 사람은 음경을 주름 없이 펴기 위해 어떤 방법을 사용했는지는 설명하지 않았다.

실험에서 나온 측정치를 이용하여 베인 박사와 시미노스키 박사는 통계 분석을 실시했다. 두 사람이 사용한 방식은 단순 선형 회귀 분석법이다.

분석 결과 키와 음경의 길이는 약한 상관관계가 있으며 발 크기와 음경 길이도 약한 상관관계가 있는 것으로 나타났다.

그들은 이렇게 결론을 내렸다. "분석 결과 키나 발 크기는 음경의 길이를 예측할 만한 실제적인 도구가 될 수 없는 것으로 나타났다."

많은 사람들이 흥미로워하는 통계를 만든 업적을 인정받아 제럴드 베인 박사와 케리 시미노스키 박사는 1998년 이그노벨 통

노벨상 수상자 리처드 로버츠, 윌리엄 립스컴, 더들리 허슈바크는 그들의 음경 길이를 결정적으로 증명하지는 못하는 커다란 신발을 신고 이그노벨상 시상식 무대에 오르는 퍼포먼스를 벌였다.

계학상을 받았다.

이그노벨상을 수상하기 위해 베인 박사는 자비를 들여 토론토에서 날아왔다. 그의 수상 소감을 들어 보자.

"우리는 이 연구가 실제적일 뿐 아니라 매우 중요하다고 믿기 때문에 여러분도 우리의 연구를 진지하게 받아들여 주길 바랍니다. 오래전부터 특정 신체 부위와 발 크기 간의 상관관계에 대한 속설이 있었습니다. 사실 몇 년 전까지만 해도 저는 그러한 속설이 있다는 것을 알지 못했습니다. 제가 이런 속설에 대해 인지하게 된 것은 돌아가신 장모님 때문이었지요. 장모님은 참 멋진 분이셨고 저를 무척이나 아끼고 사랑해 주셨습니다.

우리 부부에겐 현재 네 명의 아이가 있습니다. 막내가 아직 태어나기 전에 저는 장모님이 제 아내에게 이렇게 말하는 것을 들었습니다. '어떡하면 좋니, 제리의 발이 너무 작구나.' 그 말에 제 아내 실라가 '그래서요?'라며 반문하자 장모님께선 다시 한마디를 하셨습니다. '그래서? 너, 정말 모르는 거니?'

우리의 연구는 그동안 끊임없이 제기되어 왔던 질문에 답을 하기 위해 시작되었습니다. 그리고 그 질문에 저는 이렇게 대답하겠습니다. 맞습니다. 적절한 단어를 찾기가 매우 힘들기는 하지만 발 크기와 음경의 길이 사이에는 매우 약한 연관성이 있습니다. 또한 키와 음경의 길이 사이에도 아주 약한 정도의 상관관계가 있습니다. 그렇기 때문에 키가 큰 사람들은 음경도 크지요. 하지만 이것은 신체의 비율 때문에 그런 것일 뿐입니다. 걱정 마십시오. 그리고 여성분들은 키나 발 크기로 음경의 잠재적인 크기까지 판단하는 우를 범치 마시길 바랍니다. 발기 상태에 따라 음경의 크기는 무척 달라지지 않습니까."

시상식 다음 날, 베인 박사는 하버드 대학에서 음경의 크기와 신체 부위의 상관관계에 대해 강연을 했다. 그는 열정적이고 전문적인 태도로 강의에 임했을 뿐 아니라 각종 통계와 개인적인 기록들, 다양한 색깔의 슬라이드로 구성된 자료들을 제시했다.

당신이 지옥에 갈 확률

지옥의 존재를 새삼 강조하는 분위기 속에 남부 침례교회들은 매년 10월에 교회력을 시작하라는 권고를 받게 되었다(남부 침례교회는 전통적으로 매년 10월 첫 번째 일요일에 새로운 해를 시작함-옮긴이). 복음 전도자 베일리 스미스(Bailey Smith)는 남부 침례교 연례 총회에서 6월 14일을 '살아 있는 지옥의 주일(Reality of Hell Sunday)'로 제정한다고 선언했다.
— 2000년 6월 16일 「연합 침례교 뉴스(Associated Baptist Press News)」 기사 중에서

공식 발표문

신앙을 정확하게 수학적으로 측정한 앨라배마 주 남부 침례교회에 이그노벨 수학상을 수여한다. 남부 침례교회는 회개하지 않으면 각 지역별로 얼마나 많은 앨라배마 주민들이 지옥에 가게 될지 수학적으로 예측한 공로를 인정받았다.

「전도 지표(Evangelistic Index)」라는 보고서가 남부 침례교 총회의 가정 사역 위원회에서 내부 용도로 발행되었는데, 그 핵심 내용이 1993년 9월 5일자 앨라배마 지역 신문 「버밍햄 뉴스(Birmingham News)」를 통해 공개되었다. 보고서 전문이 발표되지는 않았다.

앨라배마 주 남부 침례교회는 지옥에 가게 될 앨라배마 사람들의 숫자를 최초로 예측했다. 현대적인 데이터 수집과 통계 기법을 사용한 결과였다. 하지만 남부 침례교회는 예측 범위를 앨라배마 주에만 국한하지 않았다. 그들은 다른 지역에서도 얼마나 많은 사람들이 지옥에 가게 될지 계산했다.

이 수치는 남부 침례교회가 어느 지역을 집중적으로 전도하고 어느 지역은 상대적으로 덜 해도 되는지를 판단하는 실제 지침이 되었다.

오늘날 소위 경영을 잘한다는 기업은 다들 이런 작업을 한다. 보험을 팔든 시리얼을 팔든 자동차를 팔든 기업은 판매원들로 하여금 각 지역에 충성도가 높은 고객은 몇 명인지, 새로운 고객으로 영입할 수 있는 사람은 몇 명인지, 그 기업의 고객이 될 가능성이 전혀 없어서 애써 공들일 필요가 없는 사람은 몇 명인지 파악하게 한다. 이러한 정보가 바탕이 되면 판매 부서는 생산적인 방향으로 마케팅 노력을 집중할 수 있기 때문이다. 앨라배마 주 남부 침례교회도 그랬다. 마틴 킹(Martin King) 대변인은 「뉴욕 타임스」에 다음과 같이 설명했다.

"만일 우리가 스노타이어를 판매하고 있다면 스스로 이렇게 물을 겁니다. '어디에 있는 사람들에게 스노타이어가 필요할까?' 약간 억지스러운 유추이긴 하지만 어디에 있는 사람들에게 하나님이 필요할까요? 그곳이 우리가 가야 할 곳입니다."

남부 침례교회는 그 지역에서 자기 교인들은 대부분 구원을 받았다고 가정한다(인간이라는 존재가 원래 그렇듯이 그중 소수는 구제 불능의 바보들이라고도 가정한다). 그리고 다른 침례교도들과 복음주의 교파 교도들 중에는 아직 구원의 가능성이 있는 사람들과 그 기

회를 영영 날려 버린 사람들이 섞여 있다고 가정한다. 또한 전부
는 아니지만 대부분의 가톨릭교도들도 구원을 잃어버렸다고 생
각한다. 기독교도가 아닌 사람들, 즉 유대교도, 이슬람교도, 힌두
교도, 유교도, 무신론자, 그리고 예수를 믿지 않는 기타 부류의
사람들은 복음주의의 용어로 '천국 명부에서 이름이 지워졌을
것'이라고 가정한다.

남부 침례교 총회의 가정 사역 위원회는 이러한 생각을 기초로
모든 연구를 수행했다. 그들은 비밀스러운 수학 공식을 고안하여
각 종교 그룹에서 몇 퍼센트의 사람들이 지옥에 떨어질 것인지
예측했다. 예를 들면 남부 침례교 X퍼센트, 성공회 Y퍼센트, 가톨
릭 Z퍼센트 등등으로 말이다. 퍼센트는 경험과 직감에 기초하고
있는데 가정 사역 위원회는 이런 수치를 아주 신뢰했다.

앨라배마 주에 살고 있는 개별 종교의 신도 수를 파악하는 것
은 그리 어렵지 않았다. 오하이오 주에 있는 '글렌메리 가정 사역
자 위원회'가 미국 전역을 대상으로 엄청난 양의 지역별 조사서
를 주기적으로 발표하기 때문이다. 남부 침례교 총회는 글렌메리
위원회의 1990년도 조사서를 비밀 공식에 대입했다. 그 결과가
바로 '전도 지표'다. 이 보고서는 이제 막 유명해진 지역별 예측
자료로서 얼마나 많은 앨라배마 주민들이 기독교 전문가의 말처
럼 '구원'받지 못하는지를 알려 준다.

이 전도 지표가 만들어진 이유는 유명해지기 위해서가 아니었
다. 여타의 시장 조사와 마찬가지로 해당 기관의 내부 용도로만

만들어졌다. 그런데 누군가가 이 보고서 일부를 「버밍햄 뉴스」의 그레그 개리슨(Greg Garrison) 기자에게 넘겨 주었다. 「버밍햄 뉴스」 는 다음과 같은 내용을 시작으로 전면 기사를 실었다.

"남부 침례교회 연구자들의 보고서는 앨라배마 주에 거주하는 186만 명이 넘는 사람들, 즉 인구의 46.1퍼센트가 예수 그리스도 를 구주로 영접하고 거듭나지 않으면 지옥에 떨어질 것이라고 밝 혔다."

「버밍햄 뉴스」는 내친 김에 이 내용은 전체 조사 보고서의 절 반밖에 안 된다고, 더 정확하게 말하면 전체의 50분의 1밖에 안 된다고 언급했다.

"이 전도 지표를 제작한 남부 침례교회 연구자들은 얼마나 많 은 성공회교도, 장로교도, 루터교도, 감리교도, 가톨릭교도, 그리 고 다른 교파의 사람들이 구원을 얻었는지 또는 구원을 잃었는지 에 대한 예측치를 공개하지 않았다. 스티브 클로우스(Steve Cloues) 대변인은 다음과 같이 말했다. '그들은 비밀 공식을 공개하지 않 을 것이다. 그리고 결과란 것도 주(州)별로 어떤 지역은 복음을 전 할 필요가 상대적으로 더 크다는 것을 보여 주는 정도가 전부 다.'"

그렇다. 앨라배마 주 남부 침례교회는 앨라배마 주뿐만 아니라 미국의 다른 50개 주의 각 카운티별로 지옥에 가게 될 사람들의 숫자를 계산했다. 이 전국 범위의 통계는 공개된 적이 없지만 궁 금한 사람은 상당히 쉽게 이 수치를 재구성할 수 있다(205쪽에 나오는 표를 참고하라). 일단 비밀을 풀고 나면 지옥과 관련된 이 비밀 공식을 지구 상에 존재하는 어느 나라 어느 지역에라도 손쉽게 적용할 수 있다.

앨라배마 주 남부 교회는 누가 저 뜨거운 곳에 갈 것이고 누가 가지 않을지를 수학적으로 예측한 공로를 인정받아 1994년 이그 노벨 수학상을 수상했다.

수상자들은 이그노벨상 시상식에 참석하지 않았다. 못 온 건지 안 온 건지는 확인할 수 없지만 말이다.

이그노벨상 위원회는 노르웨이의 작은 마을 헬(Hell)에 대표를 파견하여 그 마을 시민을 인터뷰하고 수상자들을 위한 헌사를 부탁했다. 그 마을 최고 관료인 기차역장은 이그노벨상 시상식 때 축하한다는 말을 전해 달라고 부탁했다. 보스턴 주재 노르웨이 영사 테리에 코르스네스(Terje Korsnes)에게도 헌사를 부탁했더 니 시상식에 참석해서 이렇게 말했다.

"저는 오늘 밤 이 시상식에 참석해서 노르웨이의 헬 주민을 대 신하여 이 상을 맡아 달라는 요청을 받았습니다. 저희는 위대한 앨라배마 주에서 이렇게 많은 분들이 헬에 오실 거라는 소식을 듣고 매우 기뻤습니다. 헬에서는 여러분 모두를 위해 특별한 장소 를 준비하고 있습니다."

얼마나 많은 수의 앨라배마 주민이 지옥에 갈 것인지에 관한 각 지역별 예측치

(1990년의 데이터에 기초한 자료. 주의 : 「버밍햄 뉴스」의 원래 기사는 인쇄상의 오류가 있어서 해당 데이터가 다른 해의 것이라고 잘못 밝히고 있다.)

카운티(COUNTY)	구원받지 못한 자의 비율	카운티(COUNTY)	구원받지 못한 자의 비율
오토가(Autauga)	47.4	휴스턴(Houston)	39.6
볼드윈(Baldwin)	56.3	잭슨(Jackson)	55.0
바버(Barbour)	48.0	제퍼슨(Jefferson)	42.8
블라운트(Blount)	48.3	로더데일(Lauderdale)	49.2
블록(Bullock)	36.1	로렌스(Lawrence)	52.0
버틀러(Butler)	30.0	리(Lee)	53.4
칼훈(Calhoun)	41.2	라임스톤(Limestone)	55.5
챔버스(Chambers)	43.4	론데스(Lowndes)	38.8
체로키(Cherokee)	46.0	메이컨(Macon)	47.3
칠턴(Chilton)	40.0	매디슨(Madison)	55.2
촉토(Choctaw)	35.4	마렝고(Marengo)	23.1
클라크(Clarke)	35.1	매리언(Marion)	48.7
클레이(Clay)	30.4	마셜(Marshall)	48.2
클리번(Cleburne)	37.0	모빌(Mobile)	50.1
커피(Coffee)	39.5	먼로(Monroe)	36.5
콜버트(Colbert)	41.3	몽고메리(Montgomery)	44.9
코네쿠(Conecuh)	31.6	모건(Morgan)	44.4
쿠사(Coosa)	47.9	페리(Perry)	33.2
코빙턴(Covington)	36.5	피켄스(Pickens)	35.6
크렌쇼(Crenshaw)	30.9	파이크(Pike)	46.6

쿨만(Cullman)	38.2	랜돌프(Randolph)	46.0
데일(Dale)	55.1	러셀(Russell)	47.2
댈러스(Dallas)	47.0	셸비(Shelby)	63.5
드칼브(Dekalb)	45.8	세인트클레어(St. Clair)	51.6
엘모어(Elmore)	45.7	섬터(Sumter)	42.9
에스캄비아(Escambia)	45.8	탈레디가(Talladega)	43.9
에토와(Etowah)	34.7	탤러푸사(Tallapoosa)	41.5
페이에트(Fayette)	41.5	터스컬루사(Tuscaloosa)	51.6
프랭클린(Franklin)	53.8	워커(Walker)	47.0
제네바(Geneva)	38.6	워싱턴(Washington)	34.3
그린(Greene)	34.8	윌콕스(Wilcox)	42.8
헤일(Hale)	39.4	윈스턴(Winston)	44.6
헨리(Henry)	35.6	평균	46.1

나도 지옥에 갈까?

당신이 지옥에 갈 확률을 알고 싶다면 여기에 그 방법이 있다.

만약 앨라배마 주에 산다면 앞에 나온 표를 참고하면 된다.

다른 곳에 산다면 다음과 같은 방법으로 앨라배마 주 남부 침례교회가 만든 비밀 수학 공식을 풀어서 지옥에 갈 확률을 계산해 보라.

이 비밀 코드를 정확하게 해독하려면 약간의 수학적 기술이 필요하다. 하지만 약간의 인내심이 있고 엑셀 같은 컴퓨터 스프레드시트에 익숙하다면 누구나 쉽게 답을 얻을 수 있다.

첫째, 앨라배마 주에 속한 카운티 중에서 몇 개를 선택한다.

둘째, 선택한 각 카운티에 사는 주민들 중 얼마나 많은 수의 사람들이 구원받지 못했는지 1990년도 예측치를 찾아본다.

셋째, 선택한 각 카운티에 사는 주민들 중에서 각 종파에 속해 있는 사람들의 숫자를 보여 주는 1990년의 목록을 구한다. 이 자료는 글렌메리 연구센터(www.glenmary.org) 또는 미국 종교 자료 보관소(www.thearda.com)에서 얻을 수 있다.

넷째, 당신이 어떤 방법을 쓰든 간에(연립 방정식이건 컴퓨터 스프레드시트건 또는 직감으로 대충 계산하건 상관없다) 각 종파별로 '구원받지 못한 영혼의 수의 퍼센트(Unsaved-Souls Percentage, USP)'를 계산하여 구한다. 정확한 퍼센트를 구했다면 아래 방정식에 적당히 넣으면 된다.

$$(\text{성공회의 USP}) \times (\text{성공회교도 수})$$
$$+ \quad (\text{가톨릭의 USP}) \times (\text{가톨릭교도 수})$$
$$+ \quad (\text{유대교의 USP}) \times (\text{유대교도 수})$$

+   (이슬람교의 USP) x (이슬람교도 수)

+   ......

+   (불가지론의 USP) x (불가지론자 수)

+   (무신론의 USP) x (무신론자 수)

_____

=   남부 침례교회가 예측한 구원받지 못한 영혼의 총합

일단 이 공식을 풀고 나면 미국에 있는 어떤 카운티라도 종교 분포를 찾아 공식을 적용하여 해당 지역 주민들이 몇 명이나 지옥에 갈지 알 수 있다.

이 공식은 다른 나라나 지역에도 얼마든지 적용될 수 있다. 단지 알고 싶은 나라나 지역의 종교 분포만 알면 된다(www.adherents.com라는 웹사이트 방문을 추천한다). 그리고 이 공식을 적용해 보라. 그럼. 행운을 빈다!

(참고: 이것은 학교 수학 시간 교재로도 손색이 없는 흥미롭고 교육적인 연습 문제다.)

적그리스도는 미하일 고르바초프다!

이 책은 그리 즐겁게 읽을 수 있는 책은 아닐 것이다.
– 『고르바초프! 진짜 적그리스도가 온 것인가?』의 서문 중에서

공식 발표문

이그노벨 수학상을 선견지명과 신뢰성을 겸비한 통계적 예언자 로버트 W. 페이드 (Robert W. Faid)에게 수여한다. 로버트 페이드는 미하일 고르바초프가 적그리스도일 확률을 정확하게 계산한 공로를 인정받았다(그 확률은 710,609,175,188,282,000분의 1이다).

로버트 페이드의 연구는 책으로도 나왔다. 1998년에 빅토리 하우스에서 출판된 책 제목은 『고르바초프! 진짜 적그리스도가 온 것인가?(Gorbachev! Has the Real Antichrist Come?)』이다.

1988년에 로버트 페이드는 수학에서 가장 오래되고 가장 유명한 문제 중 하나를 풀었다. 그러나 아무도 그가 문제를 해결한 것을 눈치채지 못했다. 로버트 페이드는 거의 2,000년이나 풀지 못한 어려운 문제를 풀어냄으로써 적그리스도의 정체를 계산했다.

고차원적이고 난해한 수학자들의 세계에서 어떤 문제는 격렬

한 논란의 중심에 서게 된다. 네 가지 색깔 지도 문제(Four-Color Map Problem : 네 가지 색을 이용해 평면 지도를 모두 칠할 수 있는가 하는 문제-옮긴이)는 1976년에 볼프강 하켄(Wolfgang Haken)과 케네스 아펠(Kenneth Appel)이 해법을 찾기 전까지 엄청난 관심을 불러일으켰다. '페르마의 마지막 정리'는 1993년에 앤드류 와일즈(Andrew Wiles)가 증명할 때까지 좌절과 울분을 자아냈다. 하켄과 아펠은 수학자들 세계에서 즉각 유명해졌다. 와일즈는 신문과 텔레비전 어디서나 볼 수 있을 정도로 세계적인 유명인사가 되었다. 그런데 로버트 페이드 혼자만 대중의 관심을 거의 받지 못했다.

적그리스도 문제는 신약성경의 요한일서가 세상에 나온 서기 90년경부터 문헌에 기록되어 있었다. 요한일서에는 적그리스도에 대한 언급이 네 번 있다. 요한일서 2장 18절은 다음과 같이 기록하고 있다. "아이들아 지금은 마지막 때라 적그리스도가 오리라는 말을 너희가 들은 것과 같이 지금도 많은 적그리스도가 일어났으니 그러므로 우리가 마지막 때인 줄 아노라."

오랜 세월 동안 수많은 아마추어 수학자들이 전문 수학자들과 함께 매우 흥미롭지만 미치도록 어려운 적그리스도에 관한 퍼즐을 풀려고 애써 왔다. 하지만 결국 이 퍼즐은 그저 낡은 이야깃거리가 되었고 궁금하긴 하지만 너무 어려워서 결코 답을 찾을 수 없는 숙제가 되어 버렸다.

20세기에 들어서 적그리스도 문제는 갑작스럽게 인기를 얻었다. 몇몇 집단에서 보기에 적그리스도는 이제 수학의 근본적인 문제였다. 여기저기에서 전문 수학자들의 섣부른 해답이 쏟아졌다. 하지만 모두 오류투성이로 밝혀졌다. 그 후 이런 종류의 난해한 과학 분야가 늘 그렇듯 어떤 아마추어가 나타나서 자신이 전문가들의 아성을 뚫고 문제를 해결했다고 자랑했다.

나중에 로버트 페이드는 어떻게 문제를 풀기 시작했는지를 다음과 같이 기록했다.

"1985년 3월 8일 오전 1시 즈음이었다. 그때 나는 엄청나게 중요한 어떤 일이 금방 일어날 것 같은 무시무시한 느낌에 잠들지 못하고 깨어 있었다." 그 후에 그는 거의 신들린 것처럼 계산해 나가면서 해답을 얻기 위해 필수적인 변수들을 밝혀냈고 그것들을 11개의 세트(즉 22개)로 줄였다. 그런 다음 모든 변수들을 곱했다.

그러자 할렐루야! 거기에 해답의 영광이 나타났다. 로버트 페이드는 문제를 풀었다. 바로 적그리스도의 정체를 계산해 낸 것이다.

한때는 발명가

적그리스도를 전문적으로 계산하기 전까지 로버트 페이드는 평범한 정규직 엔지니어였다. 그는 동료와 함께 '기둥을 응용한 지수판(止水板: 누수 방지를 위해 콘크리트 속에 묻어 두는 판-옮긴이) 연결'이라는 이름의 발명으로 미국 특허 제4064672호를 취득했다. 이 장치에서 발명가의 핵심 가치와 삶에 대한 관점, 공학 기술의 조화를 엿볼 수 있다.

계산 과정을 생각해 보면 해답은 거의 말이 안 될 정도로 단순하다. 미하일 고르바초프가 적그리스도일 확률은 710,609,175, 188,282,000분의 1이라는 것이다.

로버트 페이드는 어떻게 이런 결과를 얻은 걸까? 그는 모든 사람들의 궁금증을 풀어 주기 위해 이 모든 과정을 시시콜콜 설명한 책을 한 권 썼다.

로버트 페이드는 훈련된 엔지니어로서 논리정연한 사람이다. 『고르바초프! 진짜 적그리스도가 온 것인가?』에서 그는 각 숫자들이 어디에 근거한 것인지, 또한 그 숫자들이 어떤 계산 과정에 들어가는지를 꼼꼼하게 설명했다. 여기에 11가지(혹은 22가지) 요소에 대한 완벽하고 깔끔한 목록이 있다.

특징	가능성	확률
1. 러시아어 미하일 고르바초프를 숫자로 변환 = 666 x 2(+/-3)	95	94
2. 러시아어 미하일 고르바초프를 숫자로 변환 = 46 x 29 (+-1)	15	14
3. 러시아어 미하일 고르바초프를 숫자로 변환 = 46 x 27(+-3)	6	5
4. 그리스어 미하일 고르바초프를 숫자로 변환 = 888 x 2(+-1)	296	295
5. 그리스어 미하일 고르바초프를 숫자로 변환 = 888과 일치	888	887
6. 동일한 자격 조건을 갖춘 남자 중 뽑힘	2000	1999
7. 소련의 인구 정확히 2억 7,600만(사탄의 숫자)	50	49
8. 10개의 다른 국가를 통치	10	9
9. 정확히 10명의 왕(선출 시 공산당원)	10	9
10. 정확히 7개의 바르샤바 조약 국가	10	9
11. 소련의 8번째 통치자가 됨	8	7

비전문가들은, 다시 말해 로버트 페이드의 지식과 경험, 그리고 그가 이해한 것을 알지 못하는 사람들은 여기 있는 목록을 이해하기 어려울 수도 있다. 예를 들어 로버트 페이드의 표에서 '가능성' 열과 '확률' 열의 차이는 다소 불분명하다. 하지만 위의 숫자들을 모두 곱하면 최종 결과인 710,609,175,188,282,000이 떡하니 튀어나온다(자세한 사항은 『고르바초프! 진짜 적그리스도가 온 것인가?』206~208쪽 참고).

710,609,175,188,282,000라는 숫자가 의미하는 것은 무엇일

까? 로버트 페이드는 많은 사람들이 통계에 질색인 것을 잘 알고 있기 때문에 최대한 쉽게 다음과 같이 설명한다.

"이 계산은 고르바초프가 실제로 진짜 적그리스도일 확률이 710,609,175,188,282,000분의 1이라는 것을 보여 준다. 이것은 만일 당신이 고르바초프가 진짜 적그리스도가 아니라고 내기를 걸면 710,609,175,188,282,000분의 1의 승률에 도전하게 된다는 것을 의미한다.

이 숫자가 얼마나 큰지 알아보기 위해 현재 지구의 인구와 비교해 보자. 현재 지구 상에는 대략 50억의 인구가 살고 있다. 이 중 한 사람이 적그리스도에 관한 모든 예언에 들어맞는 동시에 숨겨진 힌트에 의해 미하일 고르바초프가 적그리스도일 수학적 확률이란 바로 다음의 일이 일어날 확률과 똑같다. '지구 인구와 같은 수의 사람들이 사는 359,576,064개의 행성이 있다고 하자. 이 행성에 사는 사람 중 딱 한 사람이 예언 속 적그리스도가 될 수 있는' 확률과 같은 것이다. 우리가 가정하는 바에 따르면, 또 분명 그럴 것 같지만, 적그리스도는 아마 성인 남자일 것이다. 성인 남자는 지구의 인구 중 4분의 1을 차지한다. 그렇다면 확률적으로 위에서 언급한 지구와 인구가 같은 행성의 개수가 4배가 되거나 각각의 행성에 1,438,304,256명의 인구가 살고 있어야 한다."

수학 전문가들은 로버트 페이드가 이 논리로 설명하려고 하는 것이 무엇인지 모르겠다고 말한다.

로버트 페이드의 책은 1988년에 출판되었는데, 저자가 내심 기대했던 것보다 주목을 받지 못했다. 게다가 중요한 결정을 내리는 사람들도 이 책을 주목하지 않았다. 만일 그들이 이 책에 담긴 지식을 알았더라면 중요한 결정을 다르게 내릴 수도 있었을 텐데 말이다. 노벨 평화상을 담당하는 노르웨이의 노벨 위원회도 1990년 노벨상 수상자를 선정할 때 이 책을 별로 참고하지 않은 듯하다.

이를 통해 1990년에 미하일 고르바초프가 노벨 평화상을 수상한 이유를 설명할 수 있을지도 모르겠다.

또한 1993년에 로버트 페이드가 이그노벨 수학상을 수상한 이유도 설명할 수 있을 듯하다.

수상자는 이그노벨상 시상식에 참석하지 않았다. 못 온 건지 오고 싶어 하지 않은 건지 알 수 없지만 말이다. 페이드는 이후에도 계속해서 책을 출판했다. 그는 1991년에는 『보라색의 리디아(Lydia : Seller of Purple)』를, 1993년과 1995년에는 각각 『과학으로 푸는 성경 속 미스터리(A Scientific Approach to Biblical Mysteries)』와 『과학으로 푸는 성경 속 미스터리 2(A Scientific Approach to More Biblical Mysteries)』를 출간했다.

잭 반 임프(Jack Van Impe)와 렉셀라 반 임프(Rexella Van Impe)는 지옥이 블랙홀에 있다는 증거가 충분하다고 주장하여 2001년에 이그노벨상을 수상했다. 이들은 〈적그리스도: 신세계의 질서를 망치는 협잡꾼(The Antichrist: Super Deceiver of the New World Order)〉이라는 제목으로 90분짜리 동영상을 제작했다. 홍보 문구에 따르면 이 동영상은 "전 세대가 가장 흥미 있어 하는 질문에 해답을 제시하고 있다." 그중 가장 흥미로운 질문이란 이게 아닐까 싶다. "카이저 빌헬름, 베니토 무솔리니, 아돌프 히틀러, 요제프 스탈린, 니키타 흐루시초프, 존 F. 케네디, 미하일 고르바초프, 로널드 레이건의 공통점은 무엇일까?" 정답을 알고 싶다면 잭 반 임프 선교단으로 19.95달러를 보내야 한다. 운송비는 별도다.

물리학 부문

닭도 핵융합을 한다

20시간이 경과하자 닭들은 공급된 칼륨을 칼슘으로 바꾸었다.
— 루이 케르브랑의 저서 『생체 내의 원소 변환』 중에서

공식 발표문

이그노벨 물리학상을 연금술 추종자인 프랑스의 루이 케르브랑(Louis Kervran)에게 수여한다. 루이 케르브랑은 달걀 껍데기 속에 포함되어 있는 칼슘이 저온 핵융합 과정을 통해 생성되었다는 사실을 연구를 통해 밝혀냈다.

그의 연구는 『생체 내의 원소 변환(A la Découverte des Transmutations Biologiques)』이라는 제목으로 1966년 파리에서 출판되었고 1972년에는 케르브랑의 다른 글들과 함께 영어로 번역되기도 했다.

화학은 학생들이 두려워하는 것만큼 어렵지 않다. 학교에서 가르치는 화학식은 모두 잘못된 것들이다. 소위 원소라는 것들(수소, 헬륨, 리튬, 베릴륨, 붕소, 탄소, 질소, 그리고 나머지 전부)은 사실 절대로 물질의 기본 단위가 아니다. 하나의 원소가 다른 원소로 바뀌는 현상, 즉 규소가 칼슘이 되거나 망간이 철로 변하는 현상은 아주 쉽게 일어난다. 이런 변환은 항상 일어난다. 심지어 닭도 이런 변환을 일으킬 수 있고 실제로 그렇게 하고 있다.

이것이 루이 케르브랑의 메시지였다.

모든 현대 화학은, 과학이 된 이래로 화학이라고 일컫는 모든 것은, 서로 다른 종류의 안정된 원자가 있다는 생각을 기초로 하고 있다. 철 원자는 염소 원자와 다르고, 염소 원자는 은 원자와 다르며, 은 원자는 금 원자와 다르다. 화학의 핵심은 이런 수많은 원자들을 한 덩어리(학술 용어로 화합물)로 조합하는 방식과 그 덩어리를 다른 덩어리로 재조합하는 방식에 관한 것이다. 우리가 볼 수 있는 모든 물질은 원자들이 이런저런 방식으로 서로 덩어리를 이루면서 생성된 것이다.

루이 케르브랑은 그건 그렇다 치더라도 살아 있는 생물 안에서는 "분명히 불가능해 보이는 일들이 일어나고 있다."고 썼다. 살아 있는 생물 내부에서는 원자들이 단순히 다른 종류의 원자들과 어울려 묶여 있게끔 제한을 받고 있지 않다. 한 종류의 원자는 다른 종류의 원자로 변할 수 있다. 규소 원자 하나가 '짠' 하고 칼슘이 될 수 있는 것이다. 철 원자는 망간 원자가 될 수 있고 그 반대도 가능하다.

수세기 동안 낙천주의자들은 그들이 미쳤든 아니든 납과 같은 기본 원소를 금과 같은 값비싼 원소로 바꾸고 싶어 했다. 아주 열렬히 말이다. 그러나 누구도 이러한 일이 진짜로 일어나는 것을 보지는 못했다(극히 예외적으로 핵폭발이나 행성들의 경계가 무시무시할 정도로 뜨겁게 가열된 상황을 제외하고서는 말이다).

루이 케르브랑은 과학자들이 이런 원자 간 변환을 전혀 눈치 채지 못한 것은 그들이 지나치게 죽은 고체, 죽은 액체, 죽은 기체에 집중했기 때문이라고 설명했다. 마땅히 살아 있는 생물을 관찰했어야 했는데 그러지 않은 것이다. "물리학의 모든 법칙은 죽은 물체에 대한 실험에서 나왔다."고 케르브랑은 기록했다.

케르브랑은 계속해서 설명했다. 살아 있는 조직은 언제나 그가 '생물학적 변환'이라고 명명한 과정을 수행한다. 그 과정은 너무나 간단하고 아주 기본적이어서 루이 케르브랑은 어떻게 그리고 왜 그 과정이 일어나는지 조금의 망설임도 없이 설명했다. 생물학적 변환은 그냥 일어난다. 그리고 아래의 두 가지 방향 중 하나로 전개된다.

가끔은 서로 다른 두 종류의 원자가 결합하여 또 다른 종류의 더 큰 원소를 만든다. 이것이 곧 핵융합이다. 수년 후에 다른 사람들은 이 현상을 표현하기 위해 신조어를 만들었는데 그것이 바로 '저온 핵융합'이다.

어떤 때에는 하나의 큰 원자가 서로 다른 두 개의 작은 원자로 분리된다. 이것이 곧 핵분열이다.

이번 장의 마지막에 있는 부가 설명(한 원소를 다른 원소로 변환하는 방법)을 통해 몇 가지 기술적인 세부 사항을 볼 수 있다.

물리학자들은 지금까지 살아 있는 생물 속에서 핵융합이나 핵분열을 본 적이 없다고 한다. 루이 케르브랑의 설명에 따르면 이는 물리학자들이 살아 있는 생물을 살펴본 적이 없기 때문이다.

루이 케르브랑은 관찰했고 여기 있는 것들은 그가 봤다고 말하는 것들의 일부일 뿐이다.

닭은 칼륨을 칼슘으로 변환시켜 달걀 껍데기에다 칼슘을 만들어 낸다. 돼지의 창자는 질소를 탄소와 산소로 변환한다. 양배추는 산소를 황으로 바꾸고 복숭아는 철을 구리로 바꾼다.

1969년에 발표한 보고서 「바닷가재 내부의 칼슘, 인, 구리의 불균형」에서 케르브랑은 바닷가재의 핵융합 방식을 설명했다.

루이 케르브랑은 살아 있는 생물 내부에서 벌어지는 놀라운 일을 발견한 공로를 인정받아 1993년에 이그노벨 물리학상을 수상했다.

수상자는 이그노벨상 시상식에 참석하지 않았다. 못 온 건지 안 온 건지는 알 수 없지만.

원소를 다른 원소로 변환하는 방법

생물학적 변환은 정확히 어떻게 일어나는 것일까? 그것은 분명히 보기에도 간단하다. 그리고 루이 케르브랑이 기록했던 것처럼 "화학은 전혀 개입되지 않는다."

원소 주기율표를 보면 모든 원소가 소위 '원자 번호'라는 것을 가지고 있다는 걸 알 수 있을 것이다. 해당 원자 번호는 그 원자의 핵 속에 있는 양성자 수와 일치한다. 여기 몇 가지 원소를 그 원자 번호와 함께 살펴보자.

수소 – 원자 번호 1

나트륨 – 원자 번호 11

산소 – 원자 번호 8

칼륨 – 원자 번호 19

칼슘 – 원자 번호 20

이러한 원자 번호는 어떤 것이 변환되는지 혹은 안 되는지를 알려 주는 열쇠다. 아래에는 한 원소가 어떻게 변환하여 다른 원소가 되는지를 설명하는 몇 가지 예가 있다. 케르브랑의 책에서 빌려온 것들이다.

· 나트륨 원자는 산소 원자와 결합하여 칼륨 원자가 된다. (11+8=19)

· 칼슘 원자는 두 개로 나누어져 수소 원자와 칼륨 원자가 된다. (20–1=19)

· 칼륨 원자는 수소 원자와 결합하여 칼슘 원자가 된다. (19+1=20)

케르브랑은 다음과 같은 사실을 지적했다. "이러한 생물학적 변환에서 한 가지 법칙을 발견할 수 있다. 바로 원자핵 수준에서 일어나는 반응에는 언제나 수소와 산소가 필요하다는 것이다."

그는 이렇게 기록했다. "어떤 원소가 이미 존재하지 않는 상태에서 그것을 생물학적 변환으로 생성하려는 것은 대부분 헛수고다. 다시 말해 눈여겨보아야 할 것은 원소의 증가(이는 항상 다른 원소의 감소를 가져온다)이지 존재하지 않던 원소가 갑자기 나타나는 것이 아니다."

분명히 밝혀 둘 사항은 화학자들과 물리학자들은 모두 지금껏 이런 일이 일어나는 것을 본 적도 없고 앞으로도 그럴 거라고 말한다는 점이다. 루이 케르브랑의 결론은 다음과 같다. 그렇게 말하는 화학자들이나 물리학자들은 모두 너무 무식하다.

버터 바른 토스트와 머피의 법칙

우리는 식탁에서 바닥으로 떨어지는 토스트의 역학에 대해 조사하고자 한다. 보통 사람들은 토스트가 떨어질 때 버터 바른 쪽이 바닥을 향해 떨어지는 경우가 많기 때문에 이것이야말로 머피의 법칙의 확실한 증거라고 생각한다. 반면에 정통 과학자들은 그 현상이 50대 50의 확률로 무작위로 일어난다고 말한다. 그래서 우리는 토스트가 떨어질 때는 항상 버터 바른 쪽이 바닥을 향하는 속성이 있음을 증명할 것이다. 또한 이 결과가 근본적으로 우주의 근원을 이루는 기본 상수들의 작용에 의한 것임을 보여 줄 것이다. 머피의 법칙이 나타내는 것은 우주의 필연적 특성이라고 할 수 있다.

– 로버트 매슈스의 보고서 중에서

공식 발표문

이그노벨 물리학상을 영국 애스턴 대학의 로버트 매슈스(Robert Matthews)에게 수여한다. 수상자는 머피의 법칙을 연구했으며 그중에서도 토스트가 떨어질 때는 항상 버터 바른 쪽이 바닥을 향해 떨어진다는 사실을 증명했다.

로버트 매슈스의 연구는 1995년 7월 18일에 「굴러 떨어지는 토스트와 머피의 법칙, 그리고 우주를 구성하는 기본 상수들」이라는 제목으로 「유럽 물리학 저널(European Journal of Physics)」 16권 4호 172~176쪽에 실렸다. 이후 시행된 실험에 관한 자세한 내용은 2001년에 「스쿨 사이언스 리뷰(School Science Review)」 83권 23~28쪽에 실렸다.

버터 바른 토스트의 추락은 다른 많은 우스갯소리와 함께 오

래된 농담 소재였다. 1844년 시인이자 풍자가인 제임스 페인 (James Payn)은 다음과 같이 썼다.

"나는 한 번도 아주 큼지막한 토스트 조각을 먹어 본 적이 없다네. 하지만 모래 바닥에 떨어진 것은 먹어 보았지. 언제나 버터 바른 쪽이 바닥으로 떨어졌다네."

제임스 페인이 이렇게 노래하고 한 세기가 더 지나자 누군가 (누군지에 대해서는 논란이 많다) 이렇게 확신했다. "만일 고양이가 항상 발로 착지한다면 고양이 등 위에 버터 바른 토스트를 갖다 붙이는 것도 가능하다. 그러면 토스트를 등에 붙인 고양이는 계속해서 빙글빙글 돌 것이므로 토스트는 영원히 바닥에서 몇 인치 떠 있게 될 것이다."

1995년에 로버트 매슈스는 버터 바른 토스트 문제에 수학을 접목했다. 그리고 놀라운 사실을 폭로했다.

매슈스는 공인된 물리학자이고 왕립 천문학 협회 회원이며 왕립 통계 학회 회원이기도 하다. 그는 머피의 법칙을 연구하는 사람이다. 그리고 토스트 문제를 아주 진지하게 다루었다.

여기에서 매슈스는 많은 요소들을 고려해야 했다. 우선 그는 소중하게 믿고 있던 가정들을 제거해 나갔다.

그는 이와 같이 기록했다.

"많은 사람들이 이렇게 믿고 있다. 토스트의 버터 바른 쪽이 바닥으로 떨어지는 것은 한쪽 면에 버터를 바를 때 생긴 물리학적 비대칭 때문이라는 것이다. …… 이 설명은 틀렸다. 토스트에 바른 버터의 질량(4그램 정도)은 토스트 1개의 전체 질량(35그램 정도)에 비하면 아주 작은 양에 불과하다. 더구나 얇게 바른 버터는 토스트 안에 스며들기 마련이다. 버터가 토스트의 관성 총능률에 미치는 영향, 즉 토스트가 회전하는 힘에 미치는 영향은 무시해도 좋을 만한 수준이다."

다음으로 매슈스는 딱딱하고 거칠고 균일한 직사각형 조각인 토스트의 낙하를 계산하기 위해 질량을 m, 측면을 2a, 고정된 실험대에서 바닥까지의 높이를 h로 놓고, 꼬박 다섯 쪽에 걸쳐 낙하 원인을 공식으로 풀었다. 그는 토스트의 무게 중심이 실험대에 걸려 있는 초기 상태를 0으로 보고, 거리의 변화량을 음수인 델타로 설정한 다음, 토스트가 높이 0이 되는 마지막 종착지에 도달할 때까지 모든 변화를 철저히 계산했다.

계산을 마쳤을 때 그 결과는 깜짝 놀랄 만큼 새로운 것이었다.

"인간의 키를 최대 높이로 설정한 수식은 소위 우주의 기본 상수 세 가지를 포함하고 있다. 첫 번째는 전자기적 미세구조상수(微細構造常數 : 스펙트럼선의 미세 구조에서 중요한 역할을 하는 상수로 약 137분의 1-옮긴이)로서 두개골의 화학적 연결 강도를 결정짓는 수이다. 두 번째는 중력의 미세구조상수로서 중력의 강도를 결정한다. 마지막 세 번째는 소위 '보어 반지름'이라는 것으로 몸을 구성하는 원자의 크기를 결정한다. 이러한 세 가지 기본 상수들의 정확한 값은 빅뱅 직후 우주가 형성되는 바로 그 시점에 정해졌다. 다른 말로 하자면 아침 식탁에서 토스트가 떨어질 때 버터 바른 면이 아래로 향하는 것은 이 우주가 그런 식으로 만들어졌기 때문이다."

물론 이 연구는 토스트 논란을 종식시키지 못했다. 머피의 법칙은 논란이 끝날 수가 없다. 로버트 매슈스가 논문을 발표하자 과학자들은 펄쩍 뛰면서 시끌벅적하게 논쟁에 뛰어들었다.

그들은 변수값, 변수의 계산 방식, 그리고 확률 예측 방법론의 미세한 부분에 대해서까지 미친 듯이 트집을 잡았다. 하지만 문제가 되지 않는다. 매슈스는 시끄러운 연구자들에 맞서 한 가지 기준을 세웠고 그들은 앞으로 영원히 자신들의 연구를 그 기준에 맞춰서 보아야 할 것이기 때문이다.

로버트 매슈스는 버터 바른 토스트 한 조각에 두꺼운 수학 한 덩어리를 추가한 공로를 인정받아 1996년에 이그노벨 물리학상을 수상했다.

수상자는 시상식에 참석하지 못하는 대신 수상 소감을 녹음한 테이프를 보내왔다. 머피의 법칙을 증명하듯 그 테이프는 시상식이 끝나고 나흘이 지나서야 하버드에 도착했다. 수상 소감에서 매슈스 박사는 이렇게 말했다.

"이 상을 저에게 주셔서 정말 감사합니다. 지구 상에서 가장 비관적인 사람의 한 명으로서 저는 머피의 법칙, 즉 '일이 잘 안 될 것 같으면 실제로도 그렇게 된다'는 법칙이 우주의 성립 과정에도 적용된다는 것을 증명하게 되어 매우 기뻤습니다. 그리고 이그노 벨상까지 수상하게 되다니 더욱 기쁠 뿐입니다. 물론 제 연구에는 훨씬 심각한 측면도 있습니다. 단지 그게 뭐였는지 기억이 나지 않을 뿐이지요. 예, 맞아요. 아직 더 밝혀내야 할 것이 많습니다."

매슈스는 머피의 법칙이 적용되는 문제뿐만 아니라 적용되지 않는 실제 문제들에 대해서도 연구를 계속했다. 왜 우리 서랍에는 한 짝만 남은 양말이 이렇게 많은 걸까? 왜 밧줄이나 실은 허구한 날 매듭이 생기는 걸까? 왜 우리가 찾는 지역은 대부분 지도 상에서 찾기 힘든 엉뚱한 장소일까? 비가 온다는 예보를 들으면 우산을 가져갈까 말까? 슈퍼마켓에서 계산을 기다리면서 줄을 바꿀까 말까? 로버트 매슈스는 이런 모든 문제를 과감하고 열정적이며 그만의 스타일이 있는 수학으로 공략하고 있다.

2001년에 그는 버터 바른 토스트 문제로 돌아왔다. 이미 이론적으로 그 문제를 풀었지만 이번에는 실험을 통해 풀어 봤다. 그는 다음과 같은 실험을 했다.

"영국 전역에 있는 학교에서 1,000명이 조금 넘는 학생들(초등학생 70퍼센트, 중학생 30퍼센트)이 세 가지 실험에 참여하여 토스트를 모두 2만 1,000번 이상 떨어뜨렸다. 학교 팀들의 참여는 매우 인상적이었다. 22개의 학교에서 최소 100번 이상 토스트를 떨어뜨렸다. 10개 학교는 최소 400번 이상, 2개 학교는 무려 1,000번

이상 토스트를 떨어뜨렸다. 세 가지 기본적인 실험의 전반적인 결과는 다음과 같다.

총 9,821번의 낙하 중에서 버터 바른 쪽이 아래로 떨어진 경우는 6,101번이었다. 전체 비율로 따지면 62퍼센트에 해당하고, 50퍼센트보다는 12퍼센트가 더 높은 수치다. 50퍼센트는 과학자들 대다수가 주장하는 것처럼 버터 바른 쪽이 위로 향하는 것과 아래로 향하는 것이 같은 비율로 발생한다는 뜻이고, 결국 사건이 무작위로 발생한다고 볼 수 있는 비율이다."

이렇게 로버트 매슈스는 이론으로 그리고 실험을 통해 다음과 같은 사실을 증명해 보였다. 자연은 진공청소기로 말끔하게 청소한 바닥을 아주 싫어한다는 사실 말이다.

개구리의 공중 부양

만일 개구리가 처음부터 완전 균형 상태라면 어떤 힘도 가해지지 않는다. 하지만 그 형태
를 변형시키면(예를 들어 구가 타원이 되는 것처럼) 유도되는 모멘트는 변화할 것이고[란다우
(Landau) 외, 1984년] 개구리에 미치는 힘도 더 이상 제로가 아닐 것이다. 이에 따라 개구리는
미세한 폭으로 진동하기 시작한다. 이런 조작을 최소한의 진동 주파수에서 반복하면 개구리의
진동은 공명을 매개 변수로 하여 증폭되다가 결국 안정 상태를 벗어날 것이다. 그러나 이것은
아주 작은 변화에 불과하다. 왜냐하면 형태 의존도 m의 값은 약 10에서 −50이기 때문에 안정
상태를 벗어나기 위해서는 100만 번 정도의 스트로크가 필요하기 때문이다. 이렇게만 된다면
개구리는 공중에 계속 떠 있게 될 것이다.

– 게임과 베리의 보고서 중에서

공식 발표문

이그노벨 물리학상을 네덜란드 네이메헌 대학의 안드레 게임(Andre Geim) 박사와
영국 브리스톨 대학의 마이클 베리(Michael Berry) 경에게 수여한다. 이들은 자기
력을 이용해 개구리를 공중에 띄운 공로를 인정받았다.

이들의 연구는 1997년에 「공중 부양하는 개구리와 레비트론」이라는 제목으로 「유
럽 물리학 저널(European Journal of Physics)」 18권 307~313쪽에 실렸다. 안드레 게
임 박사의 홈페이지(www.hfml.sci.kun.nl/froglev.html)에서 개구리, 귀뚜라미, 딸
기, 물 한 방울이 공중 부양하는 짧은 동영상을 볼 수 있다.

"아니요, 개구리는 자기(磁氣)를 띠지 못합니다."

"개구리가 자기를 띠게 할 수 있나요?"라는 질문을 받으면 대

부분의 과학자들은 이런 결론을 내릴 것이다. 그렇다면 이제 그들은 스스로를 행운아라고 생각해야 할 것이다. 혹시라도 이런 질문을 받고 위와 같은 결론에 도달했으며 이 대답에 명예를 걸었다면, 그들은 완전히 낭패를 보았을 것이기 때문이다.

개구리의 공중 부양은 한 사람이 기울인 놀라운 노력의 결과로 나타났다. 이론이 밑바탕이 되고 거기에 노력이 곁들여진 셈이다. 마이클 베리는 다음과 같이 설명한다.

"공중 부양하는 개구리'는 안드레 게임 박사의 실험 주제였다. 내가 이 개구리에 대해 들은 것은 레비트론(levitron)이라는 장난감 자석의 성질을 이용하여 공중에서 붕 떠서 돌게 만든 팽이에 물리 법칙이 어떻게 적용되는지를 설명하는 강의를 마친 뒤였다. 공중 부양하는 개구리와 공중에 떠서 도는 팽이는 비슷한 물리 원칙에 뿌리를 둔 듯했다. 그래서 안드레에게 연락을 취했다. 그후 우리는 공동 연구를 진행했고 이전에 내가 레비트론에서 찾아낸 원리를 개구리에 접목했다.

개구리가 공중에 떠 있는 것을 처음 보면 중력의 법칙을 위반한 그 현상에 누구나 깜짝 놀라기 마련이다. 개구리를 지탱하는 것은 자기력이다. 그 힘은 아주 강력한 전자석에서 나온다. 자기력을 이용해서 개구리를 위쪽으로 밀어 올릴 수도 있다. 비록 약하긴 하지만 개구리도 자성을 띠고 있기 때문이다. 개구리는 원래 자성을 갖고 있지 않지만 전자석의 영향으로 자성을 띠게 된다. 이것을 유도 반자성(反磁性 : 물체를 자기장에 놓으면 자기장 반대 방향으로 자성을 띠는 성질 – 옮긴이)이라고 한다. 대부분의 물질은 반자성이다. 안드레 박사는 이 원리를 이용해서 물방울과 개암을 포함한 다양한 사물을 공중에 띄울 수 있었다."

"이론적으로는 사람도 공중 부양이 가능하다. 개구리와 마찬가지로 우리의 몸도 대부분 물로 구성되어 있기 때문이다. 사람을

들어 올리기 위해 더 강력한 자기장이 필요한 것은 아니지만 사람이 들어갈 정도로 큰 자기장을 형성하기는 해야 한다. 그래서 아직까지 사람을 공중에 띄우지는 못했다. 나는 공중에 떠 있는 일이 몸에 해롭거나 고통을 줄 거라고는 생각하지 않는다. 물론 이 사실을 확신할 수 있는 사람은 아직 없다. 그렇지만 나는 최초로 공중 부양하는 사람이 되는 실험에 기꺼이 자원할 것이다."

"이 실험과 관련하여 물리학에서 가장 어려운 부분은 떠 있는 개구리의 평형 상태가 어떻게 안정적으로 유지될 수 있는지, 즉 개구리가 어떻게 계속 떠 있을 수 있는지 이해하는 것이다. 아마도 대부분의 과학자들은 떠 있는 개구리가 자기장 옆으로 미끄러지면서 나가떨어질 것이라고 예측할 것이다(연필이 뾰족한 끝으로 평형을 유지하고 있는 불안정한 상태를 생각해 보라!). 그러나 이것은 1842년에 발표된 사무엘 언쇼(Samuel Earnshaw)의 정리에 기초를 둔 잘못된 예측이다. 언쇼의 정리는 자기력이나 중력 하나만으로는 고체를 안정적으로 붙잡아 놓을 수 없다는 주장이다. 그러나 개구리는 고체가 아니다. 생물의 원자 안에는 순환하고 있는 전자들이 있다. 이 전자들의 힘이 작기는 하지만 그래도 그 존재는 언쇼의 정리가 개구리에게는 엄밀하게 적용되지 않는다는 것을 뜻한다. 결국 공중에 떠 있는 개구리의 평형 상태를 안정적으로 유지할 수 있는 가능성은 열려 있는 셈이다.

어려운 점은 자기력과 중력 사이의 균형을 유지하는 일이다. 균형이 무너진다면 개구리는 땅에 떨어지고 말 것이다."

안드레 게임 박사와 마이클 베리 경은 자기력을 이용한 공중 부양 실험의 성과를 인정받아 2000년에 이그노벨 물리학상을 수상했다.

안드레 게임 박사는 네덜란드 네이메헌에서 시상식장까지 자비를 들여 비행기를 타고 왔다. 그의 수상 소감을 들어 보자.

"저희 연구에는 그동안 제대로 평가받지 못했던 자기력에 대한 지식이 포함되어 있습니다. 저희에게 아이디어를 보내 주신 수백 명에게 수상의 영광을 돌리고 싶습니다. 엔지니어들은 많은 문의를 하면서 쓰레기 재활용과 재료 가공에서부터 운동화와 보석을 쇼윈도에 전시하는 데까지 공중 부양을 적용하고 싶어 했습니다. 동료 물리학자 중 어떤 친구들은 저희의 실험에 관해 알고 난 다음 자신들의 몇 가지 오래된 실험 결과를 마침내 완전히 이해할 수 있었다고 고백하기도 했습니다. 화학자들과 생물학자들은 우주선 발사를 기다리지 않고도 자기장 속에서 극미 중력 실험을 할 수 있다는 사실을 깨달았다고 전해 오기도 했습니다. 군인, 연금 수령자, 수감자, 성직자 등 많은 분들이 아이디어를 보내 주셨습니다. 참신하고 놀라운 아이디어도 있었지만 바보 같고 우습고 심지어는 정신 나간 것처럼 보이는 내용도 있었습니다. 그래도 늘 창의적이기는 했습니다. 또한 '저는 아홉 살이에요. 과학자가 되고 싶어요.'라고 편지한 전 세계 어린이들에게도 이 영광을 돌립니다." (게임 박사는 조금 더 소감을 말하려고 했으나 결국 여덟 살 미스 스위티 푸가 중단시켰다.)

비스킷을 차(茶)에 적시는 최고의 방법

비스킷을 차에 적시는 최적의 공식은 다음과 같다.

차가 비스킷에 적셔지는 거리 = $\dfrac{\text{차의 표면 장력 x 비스킷 구멍의 평균 지름 x 시간}}{4 \text{ x 비스킷의 점성도}}$

—비스킷을 차에 적실 때의 물리학 법칙을 밝힌 렌 피셔의 미출간 연구 보고서 중에서

공식 발표문

영국과 호주에서 활동하는 렌 피셔(Len Fisher) 박사와 영국 이스트 앵글리아 대학의 장 마르크 반덴-브룩(Jean-Marc Vanden-Broeck) 교수에게 이그노벨 물리학상을 수여한다. 렌 피셔 박사는 비스킷을 차에 가장 맛있게 적셔 먹는 공식을 연구한 성과를 인정받았고, 장 마르크 반덴-브룩 교수는 찻주전자 주둥이 부분을 어떻게 만들어야 찻물이 잘 새지 않는지를 연구한 성과를 인정받았다.

비스킷을 차에 살짝 적셔 먹거나 찻주전자로 우아하게 찻물을 붓는 것은 생활 속에서 작은 즐거움과 멋을 느끼게 해 주는 일이다. 바로 이 주제들도 과학적으로 분석해 보려는 시도들이 생겨났다. 놀랄 만한 학습 의지와 결단력을 갖춘 학자 두 명이 차를 어떻게 부어야 하는지 그리고 비스킷을 어떻게 적셔야 가장 좋은 맛을 낼 수 있는지 연구 결과를 발표했다.

렌 피셔는 비스킷을 적셔 먹는 행동을 연구하기 위해 여러 가지 과학 도구들을 사용하는 것이 유용하다는 사실을 증명한 최초의 사람이다. 그는 비스킷 연구를 위해 모래 뿌리는 기계나 엑스레이, 저울, 현미경 등의 도구들을 사용했을 뿐 아니라 흡수성 있는 물체에서 일어나는 모세관 유동을 설명하기 위해 워시번 방정식을 활용하기도 했다. 꽤나 과학적인 사람이라면 렌 피셔 박사를 잘 이해할 수 있을 것이다. 그가 바로 그런 사람이니까 말이다.

피셔 박사는 과자 회사인 맥비티에서 연구 기금을 후원받아 비스킷을 차에 적셔 먹는 사람들이 무척 좋아할 만한 연구를 진행했다. 그는 딱 좋을 정도로 비스킷을 차에 적실 수 있는 기술을 개발하는 데 전력을 다했다. 그 결과 매우 간단한 방정식 하나를 도출해 냈을 뿐만 아니라 비스킷을 적시는 방법에 대한 몇 가지 가이드라인도 제시했다.

– 비스킷은 종류에 따라 적셔야 하는 최적의 시간이 다르다(예를 들어 생강 비스킷는 약 3초간 적실 때 가장 맛있는 상태가 되지만 다이제스티브는 약 8초간 적셔야 한다).

– 한쪽 면에 초콜릿이 발라져 있는 비스킷은 초콜릿 면이 위를 향하게 해서 적시는 것이 좋다. 반대로 하는 것은 좋지 않다.

피셔 박사는 과학자답게 깔끔하게 정리된 수식과 도표까지 만들었다.

한편 영국 노리치에서는 장 마르크 반덴-브록이라는 수학자가 찻물을 깔끔하게 부을 수 있는 찻주전자 주둥이를 만들기 위해 17년 동안이나 연구를 계속했는데, 그 노력이 거의 결실을 맺으려 하고 있었다. 이스트 앵글리아 대학 교수인 장 마르크 반덴-브록은 벨기에 출신의 학자로 액체의 유동성을 연구하는 전문가였다.

그런데 왜 그렇게까지 찻주전자에 몰두했을까? 우선 이것이 액체와 물체의 표면에서 일어나는 물리 수학적 역학과 관련이 있는 흥미로운 주제였기 때문일 것이다. 사실 크게 주목받지는 못했지만 물체를 어떻게 흘려보낼 것인지에 대해서는 역사적으로 많은 연구들이 있었다(더 많은 정보를 알고 싶은 독자들은 물리학 분야의 권위 있는 학술지인 「물리학 평론지(Physical Review Letters)」 중에서 2000년에 발표된 「액체를 흘려보내는 주둥이에 관한 이론 분석」, 2001년에 발표된 「천정에서 액체가 흐르는 것을 억제하는 방법 연구」 등을 읽어 보라).

하지만 장 마르크 반덴-브록이 이렇게 찻주전자 연구에 열중한 데에는 또 다른 이유가 있었다. 수학자들은 전 세계 대학에서 열리는 각종 학술 대회에 참석해 토론할 기회가 많다. 그리고 이렇게 토론이 벌어지는 장소에서는 대부분 차를 대접한다. 찻주전자에서 찻물이 깔끔하게 부어지지 않고 마지막 몇 방울이 자꾸 똑똑 떨어지는 것을 반복해서 보다 보면, 수학자들은 자신의 과학적 지식과 경험을 이용하여 이런 현상을 개선할 방법을 찾으려는 시도를 하게 될지도 모른다.

장 마르크 반덴-브록 교수는 드디어 깔끔하게 찻물을 부을 수 있는 찻주전자를 발명했다. 그 후 그는 2001년 6월 1일에 열린 에든버러 대학 세미나에 초청을 받았다. 그 세미나의 홍보 문구 에는 다음과 같은 내용이 담겨 있었다.

세미나 공지
장 마르크 반덴-브록, 이스트 앵글리아 대학 교수
세미나는 3시 30분에 시작하며 누구라도 참석할 수 있습니다.
차는 3시부터 준비됩니다. 장소는 대회의실입니다.

비스킷을 차에 적셔 먹는 최적의 조건을 연구한 렌 피셔 박사 도 장 마르크 반덴-브록 교수와 마찬가지로 차와 비스킷에 관한 과학적 연구를 통해 꽤 유명해졌다.

찻주전자 및 비스킷에 관한 과학적 연구 성과를 인정받아 장 마르크 반덴-브록 교수와 렌 피셔 박사는 1999년 이그노벨 물리 학상을 공동 수상했다.

장 마르크 반덴-브록 교수는 이그노벨상 시상식에 불참했다. 참석할 의사가 있었는지 여부는 확인되지 않았다. 하지만 렌 피 셔 박사는 이그노벨상을 수상하기 위해 영국 브리스틀에서 하버 드 대학까지 비행기를 타고 날아왔을 뿐 아니라 모든 경비를 자 신이 부담했다.

수상 소감을 들어 보자.

"감사합니다. 200년 전에도 보스턴 티파티(보스턴 차 사건)가 있

었는데 오늘 열린 보스턴 티파티에서는 영국인이 승리했군요. 이
제 노벨상 수상자 한 분을 자원봉사자로 모시고 여러분께 제 이
론의 적용 범위를 좀 더 확대해서 보여 드리도록 하겠습니다. 그
래서 오늘은 비스킷보다 좀 더 복잡하고 어려운 도넛을 가지고
제 이론을 설명하려 합니다. 도넛이 여기 있습니다. 도넛 하나를
집어 보시죠. 자 이제 글래쇼 교수님, 여기 모인 청중 앞에서 도넛
을 적셔 먹는(혹은 던지는) 새로운 방법을 시연해 주시겠습니까?"

이 말을 하고 피셔 박사는 농구대 미니어처를 위로 들었고 노

벨상 수상자 셸던 글래쇼 교수는 손에 들고 있던 도넛으로 농구대를 향해 덩크슛을 날렸다. 이어서 수상자들의 연구 업적을 기리는 퍼포먼스가 펼쳐졌다. 천정에서 거대한 도넛 모형이 밧줄에 달린 채 내려와서는 청중들의 머리 위를 지나 시상대 앞까지 날아왔다. 시상대 위에는 찻잔 모형이 설치되어 있었는데 찻잔 모형에는 다리가 달려 있었고 마치 탭 댄스를 추듯 달그락거리고 있었다. 마침내 시상대 위로 날아온 도넛 모형이 찻잔 모형 속으로 풍덩 빠졌다.

며칠 후 렌 피셔 박사는 연구실로 돌아가 연구를 계속했다. 1년 후 그는 몇 가지 놀랄 만한 연구 성과를 가지고 나타났다. 그가 후속 연구를 통해 밝혀낸 것은 다음과 같다. 첫째, 비스킷을 차에 적셔 먹을 경우 찻잎만 우린 차에 적셔 먹는 것보다 우유를 넣은 밀크티에 적셔 먹는 것이 더 맛있다. 둘째, 비스킷을 레모네이드에 적셔 먹으면 맛이 없다.

양자 역학, 양자 물리학, 그리고 양자······ 의학?

생물학은 이제 변해야 한다. 의학도 마찬가지다. 내과 의사들의 생각과는 달리 당뇨병 환자들의 비정상적인 췌장은 췌장 세포 안에서 그들을 감싸고 있는 왜곡된 기억만큼도 실제적이지 않다. 바로 이 깨달음이 '양자 치료'로 들어가는 문을 연다.

—디팩 초프라의 『양자 치료』 중에서

공식 발표문

이그노벨 물리학상을 캘리포니아 주 칼즈배드에 있는 초프라 웰빙 센터의 디팩 초프라(Deepak Chopra)에게 수여한다. 디팩 초프라는 양자 물리학을 독특하게 해석하여 삶과 자유, 경제적 행복 추구에 적용했다. 이 공로를 인정하여 그에게 이그노벨 물리학상을 수여하는 바이다.

디팩 초프라는 양자 문제를 다룬 수많은 연구 논문을 발표했다. 그중 가장 널리 알려진 책은 『양자 치료(Quantum Healing)』와 『나이를 초월한 신체, 시대를 초월한 정신(Ageless Body, Timeless Mind)』이다.

1세기 넘게 물리학에서 가장 흥미진진한 수수께끼는 양자 역학에 관한 것이었다. "왜 에너지와 물질의 아주 작은 양자들은 그렇게 기묘하게 움직이는가?" 물리학자들은 양자들이 보여 주는 이 기묘한 행동을 이해하려고 정말 열심히 연구했다. 물론 이제 곧 전혀 기묘하지 않은 것으로 드러날 참이었다. 그런데 그 한복 판에서 고독하게 전혀 다른 목소리를 내는 이가 있었다. 디팩 초 프라에게 불가사의함은 그 자체로 중요한 의미를 지닌다. 그는 불 가사의함을 이해해야 할 대상이 아니라 찬양해야 할 대상으로 본다.

양자. 양자 개념은 1900년에 시작되었다. 막스 플랑크(Max Karl Ernst Ludwig Planck)는 에너지가 극도로 작은 양으로 밀려오는 것 같다는 생각을 했다. 그는 이것을 '양자'라고 칭했다. 모든 양자는 크기가 같고 더 작게 나눌 수 없다. 과학자들은 곧 막스 플랑크 가 옳다는 걸 알게 되었고 그는 이 업적으로 노벨 물리학상을 받 았다. 그 후 노벨 물리학상은 거의 다 이 '양자'라는 것이 처음에 발견됐을 때보다는 조금 덜 불가사의하다는 사실을 밝혀낸 사람 들 차지였다.

양자. 디팩 초프라의 홈페이지(www.chopra.com)에는 이런 문구가 쓰여 있다. "디팩 초프라는 현대 양자 물리학 이론과 고대 문화의 유구한 지혜가 접목되어 탄생했다."

양자. 1989년에 디팩 초프라는 『양자 치료』라는 책을 출판했 다. 그 책을 본 물리학자들은 한결같이 절대로 일어나지 않을 방 식으로 '양자'라는 단어를 사용하고 있다고 입을 모았다. 『양자 치료』를 읽은 사람들은 '양자'라는 단어가 거의 등장하지 않는 걸 확인하고 의아해한다. 그나마 '양자'라는 단어가 나오는 부분은 '양자 물리적 인간의 신체'라는 아주 짧은 장뿐이다. 여기에는 다음과 같은 구절이 나온다.

"양자 영역의 발견은 우리에게 더 깊은 영향을 미치는 태양과 달과 바다를 따라갈 길을 열어 주었다. 나는 당신이 그곳에는 이미 발견된 것보다 더 많은 치유가 있으리라는 희망을 품길 바란다. 우리는 이미 인간의 태아가 어류와 양서류와 초기 포유류의 형상을 기억하고 모방함으로써 발육한다는 사실을 알고 있다. 양자의 발견은 우리가 바로 그 원자를 연구하여 우주의 초기 모습을 기억할 수 있게 해 주었다."

양자. "에너지의 충격과 물질의 입자가 합쳐지기 전에 인간의 몸은 '양자 파동'이라 불리는 강하지만 눈에 보이지 않는 진동의 형태를 취한다." (출처 : 디팩 초프라)

양자. "우리가 따라야 할 가장 중요한 일과는 자신의 양자 수준과 접촉하는 행동, 바로 초월이다." (출처 : 디팩 초프라)

양자. "양자 건강은 우리가 항상, 그리고 영원히 변화한다는 개념에 기반을 두고 있다." (출처 : 디팩 초프라)

양자. 캘리포니아 주 라 졸라에 있는 초프라 웰빙 센터에서는 누구나 양자 수프 카페라는 식당에서 저녁 식사를 할 수 있다.

양자. 디팩 초프라에게 영감을 받아 설립된 미국 양자 의학 아카데미는 뉴저지 주 이슬린에 있다. 여기에서는 마사지 요법, 침술, 영양 지도 분야에서 일하는 건강 관리사들에게 양자 영양사 자격증을 발부한다. 또한 자격을 갖춘 영양사들과 정식 간호사들, 식이 요법 전문가들, 또한 "면허증 보유 의사, 검안 의사, 치과 의사, 치의학 박사, 철학 박사 등 박사 학위가 있는 건강 관리 전문가들에게도 양자 영양사 자격증을 발부하고 있다."

양자. 디팩 초프라에게 영감을 받은 스티븐 볼린스키(Stephen Wolinsky) 박사는 양자 심리학과 양자 정신 요법 분야를 개발했다. 볼린스키 박사는 『양자 의식(Quantum Consciousness)』이라는 책도 썼다. 이 책에서 그는 우리가 우리 내면에 존재하는 아이의 실재를 충분히 이해할 수 있도록 인도한다.

양자. 디팩 초프라는 양자 치료라는 개념으로 1998년 이그노벨 물리학상을 받았다.

수상자는 이그노벨상 시상식에 참석하지 않았다. 대신 유명한 하버드 물리학 교수 두 명이 디팩 초프라에게 바치는 헌사를 낭독했다.

하버드 대학 물리학과 교수이자 로스앨러모스에서 최연소로 초기 원자 폭탄 프로젝트에 참여했던 과학자 로이 글라우버(Roy J. Glauber)는 이렇게 말했다.

"상대성 이론의 양자 역학에 관해서는 여러분께 드릴 말씀이 별로 없습니다. 원자와 소립자의 세계에서 과학자들이 이룬 성과는 실로 위대합니다. 그러나 정신 의학과 정서적 행복 분야에 양자 역학을 적용해 성공한 예는 거의 없습니다. 오늘밤의 주인공인 우리의 영웅이 최근에 이룬 성과가 나오기 전까지는요. 물론 '성공'의 정의를 어떻게 내리느냐가 중요하죠. 상대성 이론과 양자 역학을 개인의 행복과 정신 의학에 적용한 것은 잘한 일일 수도 있고 잘못한 일일 수도 있지만, 어쨌든 분명 성공하긴 했네요."

역시 하버드 대학 물리학 교수로 1979년에 노벨 물리학상을 받은 셸던 글래쇼는 이렇게 말했다.

"이그노벨상 수상자를 대신해 이 자리에 서게 되어 영광입니다. 저는 지금 여기 모인 사람들 중 직접 디팩 초프라를 만나 저녁을 먹고 함께 이야기를 나눈 몇 안 되는 사람 중 하나입니다. 그는 매년 미국 공로 아카데미(American Academy of Achievement)에서 젊은이들의 롤모델, 그러니까 전 세계 고등학생들이 본받아야 할 롤모델의 자리를 굳건하게 지키고 있습니다.

이 가운데 혹시 양자 영양을 상상해 본 사람이 있습니까? 저는 디팩 초프라와 그가 이룬 업적에 경외심을 느낍니다. 저 역시 글라우버 교수처럼 '상대성 양자 역학'이라 불리는 과목을 강의하고 있습니다. 이 헌사를 준비한 것만큼 그 수업도 최선을 다해 준비합니다. 더불어 제 수업은 디팩 초프라 교수의 원대하고 놀라운 작품만큼 상대성 양자 역학과 관계가 깊다고 말씀드리고 싶습니다.

디팩 초프라는 이 상을 받을 만한 놀라운 인물입니다. 그를 위해 다 함께 외칩시다. 디팩! 디팩~ 디팩!"

이 부분에서 모든 군중이 글래쇼 교수와 함께 "디팩!"을 외쳤다.

공학과 기술 부문

알래스카 불곰을 향해, 출격! 우르수스 6호

트로이 허튜비스는 67킬로그램이나 나가는 갑옷을 손수 만들어 입고 마치 아합 왕(선지자 엘리야의 시대에 분열된 이스라엘을 통치했던 악한 왕–옮긴이)이라도 따라가는 것처럼 그 위대한 존재를 몰래 따라간다. 수없이 공격을 당해 얻어맞은 몸을 끌고서, 결국 그를 기다리는 것은 파산뿐일지라도.

– 트로이 허튜비스에 관한 1997년 「아웃사이드(Outside)」 지의 기사 중에서

공식 발표문

이그노벨 안전 공학상을 온타리오 주 노스베이에 사는 트로이 허튜비스(Troy Hurtubise)에게 수여한다. 트로이 허튜비스는 알래스카 불곰의 공격에도 끄떡없는 갑옷을 개발하고 스스로 테스트까지 감행한 공로를 인정받았다.

트로이 허튜비스와 그의 업적은 캐나다 국립 영화 제작소(National Film Board of Canada)에서 제작한 다큐멘터리 영화 〈알래스카 불곰 프로젝트(Project Grizzly)〉를 통해 알려지기도 했다. 더 자세한 정보와 동영상은 트로이의 홈페이지(www. projecttroy.com)에서 볼 수 있다.

스무 살 때 금을 찾아 캐나다 황무지를 혼자 돌아다니던 트로이 허튜비스는 알래스카 불곰 과(科)에 속하는 곰과 여러 번 마주쳤다. 그 후 트로이는 안전하게 곰에게 접근해서 곰과 친해지기 위해 알래스카 불곰 방어용 갑옷을 만드는 데 일생을 바쳤다. 갑옷의 기본 디자인은 인간에 가까운 미래의 로봇 경찰 로보캅에서 힌트를 얻었다. 트로이는 집중적으로 연구 개발을 시작하기 전에 〈로보캅〉을 우연히 얼핏 본 적이 있다고 한다.

트로이 허튜비스는 제임스 와트, 토머스 에디슨, 니콜라 테슬라의 계보를 잇는 외로운 발명가의 진정한 전범이라고 할 수 있다. 트로이가 천재인 것 같다고 하는 사람들도 있고 반쯤 미쳤다고 생각하는 사람들도 있지만, 그가 독보적인 끈기와 상상력의 소유자인 것만은 틀림없는 사실이다. 또한 트로이는 매우 신중한 사람이다. 아직 살아 있는 것만 봐도 그가 얼마나 조심성이 많은지 알 수 있다.

알래스카 불곰은 무서울 정도로 난폭하고 힘이 세기 때문에 트로이는 갑옷을 최종 테스트하기 전에 통제된 환경에서 시험해 보는 것이 안전할 거라고 생각했다. 그는 7년 동안 갑옷에 쏟아부은 돈이 15만 캐나다 달러 정도 될 거라고 추정한다. 트로이는 자신이 생각할 수 있는 모든 강도의 공격과 어떤 갑작스러운 공격에도 대응할 수 있게끔 갑옷을 설계했다. 폐소 공포증을 앓고 있었지만, 트로이는 직접 갑옷 안으로 들어갔다.

이 갑옷을 만든 기술은 놀라움 그 자체였다. 트로이가 여기저기에서 가져온 재료를 기워서 갑옷을 만들었다는 사실을 알게 된다면 더욱 놀라울 것이다. 갑옷의 기술적인 요소를 한번 살펴보자.

명칭: 우르수스 6호
(Ursus Mark Ⅵ)

재료

불연성 고무 외관(원산지: 미네소타)

티타늄으로 만든 바깥쪽 판(원산지: 온타리오 주 해밀턴)

사슬 갑옷으로 만든 연결 고리(원산지: 프랑스)

텍트로닉스 사 플라스틱 내부 덮개(원산지: 일본)

에어백이 장착된 안감

접착테이프

높이: 2.18미터. 머리 윗부분에 카메라가 부착되어 있음.

무게: 66.68킬로그램.

헬멧: 이중 구조 형태. (내부 헬멧: 쇼에이 사 모터사이클 헬멧을 개조. 외부 헬멧: 알루미늄과 티탄의 합금. 크기: 길이 약 60센티미터, 넓이 약 45센티미터).

냉각 시스템: 배터리로 작동하는 이중 팬 통풍 시스템이 헬멧 속으로 시원한 공기를 넣어 주고 뜨거운 공기를 배출함.

라디오 시스템: 음성을 인식하는 송수신 겸용 무전기

관측 시스템: 헬멧에 장착된 소형 카메라의 광각 화면

블랙박스: 음성을 인식하는 녹음 장치로 헬멧의 오른쪽 뒤편에 장착되어 있어 곰의 소리를 녹음할 수 있음. 우르수스 6호가 장렬히 전사할 경우에는 마지막 한 마디를 이곳에 남기게 됨.

방어 시스템: 오른쪽 팔에 장착된 대포. 방아쇠로 지름 38센티미터짜리 곰 퇴치용 탄두를 발사함. 사정거리 4.6미터로 약 7초간 발사 가능.

물림 장치: 압력을 감지할 수 있는 가늘고 긴 장치로 오른쪽 팔에 장착되어 있으며 알래스카 불곰이 이빨로 깨무는 힘을 측정함.

갑옷 테스트

트럭: 3톤짜리 트럭이 시속 50킬로미터로 돌진하여 18회 충돌.

총: 탄저판(彈底板) 탄환(구리로 덮인 납 탄두를 짧은 송탄통에 넣은 탄환-옮긴이) 을 사용하여 12구경 산탄총으로 사격.

화살: 무게 45킬로그램짜리 활로 철갑 관통용 화살 발사.

통나무: 9미터 높이에서 떨어진 136킬로그램짜리 통나무와 2회 충돌.

폭주족: 폭주족 세 사람에 의한 공격. 가장 큰 사람은 신장이 2미터 5센티 미터, 몸무게 175킬로그램. 폭주족들의 무기는 손도끼, 널빤지, 야구 방망이.

절벽: 높이 15.25미터가 넘는 절벽에서 낙하.

이런 우르수스 6호도 최적화되기 위해선 먼저 몇 가지 결함을 해결해야 한다. 하지만 언젠가 우르수스 6호는 땅이 평편하지 않을 때에도 다섯 발 자국 이상 걸을 수 있게 될 것이다.

우르수스 6호는 향후 더 가볍고 유연한 버전으로 재탄생될 예정이다.

트로이는 끝없는 카리스마와 매력, 유머 감각을 겸비한 타고난 리더다. 그는 자원봉사자로 구성된 팀과 함께 일한다. 자원봉사자 들은 언제라도 자기 직업을 그만둘 준비가 되어 있으며 트로이를 도와 갑옷을 만들거나 새로운 버전을 테스트한다. 이들은 또한 갑옷 테스트 녹화를 돕기도 한다. 가장 오래된 초창기 영상물은 1997년 캐나다 국립 영화 제작소가 제작한 다큐멘터리 영화 〈알 래스카 불곰 프로젝트〉다. 이 다큐멘터리는 트로이가 곰을 찾기

위해 만반의 태세를 갖추고선 말을 타고 야생으로 돌격하는 모습을 최초로 공개했다. 다큐멘터리 제작자는 다음과 같은 유쾌한 문구로 이 영화를 홍보했다.

"존 트로이는 경악할 만하면서도 엄청나게 웃기는 방법으로 갑옷과 용기를 시험한다. 이 현대판 돈키호테, 그리고 그의 동료들과 함께하는 여행은 도넛 가게에서부터 폭주족 술집과 신비로운 로키 산맥까지 이어진다. 운명적 만남을 위해서."

트로이는 관심을 얻은 것에 대해서는 즐거워했지만 영화 분위기가 알래스카 불곰 연구에 헌신하는 자신의 모습을 적절하게 부각시키지 못해 다소 실망했다.

영화는 트로이가 어떤 난관에도 결코 좌절하지 않는 사람임을 아주 분명하게 보여 준다. 1990년대 후반에 트로이에게 큰 시련이 닥쳤다. 그는 파산했고, 온타리오 파산 법원이 그의 갑옷에 대한 소유권을 가져갔다. 지금까지도 법원은 갑옷을 구매할 사람을 찾고 있다. 법원은 때때로 트로이에게 갑옷을 빌려 주기도 한다. 대부분 텔레비전 인터뷰나 대중 앞에 모습을 나타내는 경우인데, 그걸 보고 구매자가 나타날 수도 있기 때문이다.

트로이 허튜비스는 우르수스 6호를 고안하고 만들고 테스트했을 뿐만 아니라 여태까지 갑옷과 사람이 모두 멀쩡한 공로를 인정받아 1998년 이그노벨 안전 공학상을 수상했다. 온타리오 파산 법원은 트로이가 하버드에서 열리는 시상식에 갑옷을 가져갈 수 있도록 허가해 주었다.

트로이는 고향 온타리오 주 노스베이를 떠나 이그노벨상 시상식장까지 아내 로리와 검정 양복을 입은 브록이라는 미스터리한 남자와 함께 왔다. 트로이는 그 남자가 갑옷을 지키기 위해 법원이 임명한 사람이라고 소개했지만, 그는 자신이 '트로이가 운영하는 회사들 중 하나의 사장'이라고 했다.

세 사람은 보스턴 로건 공항에서 미국 세관 검사를 통과하면서 갑옷을 되찾는 데 약간의 어려움을 겪어야 했다. 그에 비하면 공항에서 보스턴의 도로를 통과하고 찰스 강을 건너 케임브리지로, 그리고 마침내 하버드의 샌더스 시어터까지 오는 것은 정말 짧은 여행이었다.

트로이는 이렇게 수상 소감을 전했다.

"어쨌든 저는 여전히 살아 있습니다. 어떻게 표현할 수 있을까요? 저는 그저 온타리오 북부에서 온 남자일 뿐이고 여기 하버드의 신성한 전당에 서 있습니다. 긴장감이 느껴지는군요. 여러분, 이 얼마나 멋진 여정입니까! 우리는 과거에 이뤄진 발명과 발견들이 명백한 모순을 갖고 있음을 알아야 합니다. 그리고 과학의 좁은 편견을 버리고 지금 한순간만이라도 우리의 시선이 구속되지 않도록 해야 합니다. 상상력이라고 불리는 멋진 탈것과 함께 말이죠.

우르수스 6호는 방탄·방화 재질이며 그 외의 멋진 것들을 다 갖추고 있습니다. 외골격은 순수한 티타늄이고 고무 표면은 전자장치들을 보호합니다. 저는 이 두 재료를 붙이느라 2년 동안 어려움을 겪었습니다. 결국엔 이 고무를 티타늄에 붙이기 위해 갑옷 내부에 2,325미터 길이의 강력 테이프를 붙였습니다. 여러분 눈에는 보이지 않겠지만 말입니다.

내일 저는 하버드 사이언스 센터에서 차세대 기술의 원형이 될 지-맨 제네시스(G-Man Genesis)와 그 비밀을 세계 최초로 공개할 것입니다."

시상식 다음 날 트로이는 취재 열기로 뜨거운 기자들과 전문가들 앞에서 세계 최초로 차세대 갑옷에 대한 계획을 발표했다. 그는 초기 구현 비용만 150만 달러로 예상되는 지-맨 제네시스는 이전 모델보다 훨씬 가볍고 강하며 다루기 쉬울 것이라고 말했다. 또 이 갑옷을 입은 사람은 전속력으로 질주할 수 있으며 화산 내부를 탐험할 수도 있을 거라고 덧붙였다.

　그날 저녁 트로이는 하버드 카펜터 센터에서 두 차례 열린 〈알래스카 불곰 프로젝트〉 특별 상영회에 참석해 전석이 매진될 정도로 호응이 열렬했던 관객들 앞에 섰다.

　트로이는 다음 해에 하버드에 돌아와서 이그노벨상 시상을 도와주었고 MIT 대학에서 강연을 하여 강연장을 가득 채운 엔지니어들에게 새로운 영감을 불러일으키기도 했다.

　그 후 트로이는 높은 수준의 연구와 개발을 계속하고 있으며 전혀 새로운 경험을 하고 있다. 나사(NASA)나 북미 아이스하키 리그에 초대를 받기도 했고 모래에서 석유를 추출하는 법을 발명하기도 했다. 전화를 도청당하거나 수상한 사람이 한밤중에 침입하기도 했고 텔레비전 쇼에서 코미디언 로잔느 바에게 중요한 곳을 걷어차인 적도 있다. 알카에다 납치범 일당들이 찾아오기도 했고 방 안에 갇혀서 알래스카 불곰 두 마리와 마주하기도 했다.

트로이를 위하여

1998년 이그노벨상 시상식에서 트로이 허튜비스가 상을 받을 때 사람들이 바쳤던 헌사를 몇 가지 소개한다.

트로이에게 바치는 헌사: 야생의 힘

―콜린 질렌(Colin Gillen), 터프츠 수의학 대학 야생 동물 치료소 연구자.

"저는 배고픈 알래스카 불곰이 단지 오레오 쿠키 하나를 손에 넣으려고 위니베이고(캠핑카의 일종 ― 옮긴이)의 후미를 정어리 통조림 따듯이 벗겨 내고 난 잔해를 본 적이 있습니다. 또한 1킬로미터 가까이 숲을 뚫고 계곡을 건너 능선을 오르는 깊은 오지에 들어갈 때 미국 산림청에서 사용하는 금속 재질의 곰 습격 방지용 음식 박스를 본 적이 있습니다. 이 박스들은 무게가 최소한 90킬로그램은 나가고, 음식이 들어가면 130킬로그램도 넘을 겁니다. 저는 또한 알래스카 불곰 한 마리가 90킬로그램이 넘는 들소 몸뚱이 4분의 1을 이빨 사이에 끼고 눈 위에 끌리는 자국도 없이 가뿐히 걸어가는 것을 본 적도 있습니다.

곰 연구와 공학 분야에서 트로이가 개척한 독특한 연구 분야와 트로이 자신에게 경탄하지 않을 수 없습니다. 트로이의 비디오를 본 사람은 누구라도 저처럼 현장 실습 결과에 흥미를 갖게 될 것입니다. 그의 성공을 기원하며, 추구하는 것을 모두 이루길 바랍니다. 그리고 그가 모든 위험을 잘 극복하리라고 믿습니다."

트로이에게 바치는 헌사: 경이로운 재료 기술

―로버트 로즈(Robert Rose), MIT 대학 재료 과학 교수.

"트로이 제임스 허튜비스 씨, 우리는 오늘 근골격 생체 역학에 대한 실험에서 당신이 적용한 재료 기술이 얼마나 혁신적인지 알고 감탄했습니다. 특히 충격 흡수 장치로 사용한 재료 활용법은 그저 놀라울 뿐입니다.

당신이 사용한 연구 방법은 많은 분야에 영향을 미칠 것입니다. 우선 유일하게 건강 보험이 있는 실험동물인 인간을 연구하는 실험이 보다 광범위하고 심오해질 것입니다. 제가 관여하고 있는 대학의 연구 프로젝트에 야구 방망이를 사용한 현장 테스트 방식을 추천할 생각입니다. 동면의 비밀도 학생들과 교수들이 꼭 알아야 할 중요한 정보였습니다."

트로이에게 바치는 헌사: 사람과 곰의 취향

—더들리 허슈바크, 하버드 대학 화학 교수·노벨상 수상자.

"저는 알래스카 불곰을 한 번 만난 적이 있습니다. 집채만 하더군요. 다행히 그도 저를 좋아하지 않았습니다."

갑옷에 대한 특별 성명

—윌리엄 J. 멀로니, 뉴욕의 저명한 관세 변호사.

"저는 오늘 '전미 알래스카 불곰 방어용 금속 의류 생산 노동조합'을 대신해서 여러분 앞에서 섰습니다. 이 조합은 75년 넘게 알래스카 불곰으로부터 사람을 보호하는 의류를 생산하는 미국 노동자들을 대표해 왔습니다. 우리는 이그노벨상 수상자인 트로이 허튜비스 씨가 노동조합에 가입하지 않은 저렴한 캐나다 인력으로 갑옷을 만들고 있다고 확신합니다. 또한 허튜비스 씨가 그 옷을 미국 시장에 저가로 대량 납품함으로써 미국에서 조합원들이 생산한 높은 품질의 알래스카 불곰 방지용 의류 생산에 큰 타격을 주지 않을까 우려하고 있습니다."

뭐든 만들어 몽땅 파는 세일즈맨

트림 콤(Trim—Comb)은 안쪽에 면도날을 장착한 작은 플라스틱 머리빗일 뿐이다. 작지만 위대한 발명품이었고, 저비용 고수익의 효자 상품이라서 많은 돈을 벌 수 있었다. 트림 콤으로 자른 머리는 어땠을까? 미용사가 직접 자른 것만큼이나 훌륭했다.

— 론 포페일의 자서전 중에서

공식 발표문

지치지 않는 발명가이자 심야 텔레비전 방송의 영원한 광고주인 론 포페일(Ron Popeil)에게 이그노벨 소비자 공학상을 수여한다. 베지 오 매틱(Veg-O-Matic), 포켓 피셔맨(Pocket Fisherman), 미스터 마이크로폰(Mr. Microphone), 인사이드 더 셸 에그 스크램블러(Inside-the-Shell Egg Scrambler) 등은 산업 혁명을 재정의했다.
론 포페일은 『세기의 세일즈맨 : 발명, 마케팅, 텔레비전 판매 : 내가 한 방법과 당신 역시 할 수 있는 방법!(The Salesman of the Century : Inventing, Marketing, and Selling on TV : How I Did it and How you Can Too!)』이라는 제목의 책에서 자신의 삶을 회고했다.

40년이 넘게 미국 텔레비전에서는 이상한 이름의 수상하고 값싼 발명품을 광고하는 방송이 끊이지 않았다. 버트니어(Buttoneer), 포켓 피셔맨, 민스 오 매틱(Mince-O-Matic), 인사이드 더 셸 에그 스크램블러 등 셀 수가 없을 정도다.

이 모든 것들 뒤에는 변함없이 입심 좋고 아주 끈질긴 세일즈맨이자 발명가 론 포페일이 있었다.

문명사회 덕분에 별로 필요하지도 않은 물건을 만드는 발명가들이 대거 나타났다. 또한 과도하게 에너지가 넘치는 세일즈맨도 생겨났다. 론 포페일(그는 자신의 이름을 '포-필'이라고 발음한다)은 두 가지 모두에 해당한다. 발명가 겸 세일즈맨이 그리 특이한 것은 아니다. 하지만 론 포페일은 매우 특별하다. 론 포페일이 다른 누구보다 특별한 이유는 작은 잡동사니 상품의 판매를 늘리기 위해 짜증나지만 효과는 만점이며 누구나 놀라워하는 방법으로 텔레비전을 활용했다는 점이다.

론 포페일은 티격태격 싸우길 잘하는 발명가 겸 세일즈맨 집안에서 태어났다. 론의 아버지 S. J. 포페일은 젊은 시절 찹 오 매틱(Chop-O-Matic)이라는 작은 기계를 설계하고 만들었다. 그 기계는 "야채, 감자, 고기 등을 싹둑싹둑 잘라 주는 간단한 절단기였다."

아버지 포페일은 자신이 발명한 찹 오 매틱 때문에 힘든 시기를 견뎌야 했다. 그는 자신의 숙부이자 발명가 겸 세일즈맨인 네이선 모리스(Nathan Morris)를 상대로 소송을 제기했다. 그가 찹 오 매틱과 비슷한 로토 찹(Roto-Chop)이라는 기계를 만들어서 판매했기 때문이다. 그러나 모리스는 그전에도 친형제이자 역시 발명가 겸 세일즈맨인 앨 모리스(Al Morris)와 소송에 휘말린 적이 있기 때문에 이런 싸움에 능숙했다. 론의 부친은 숙부를 상대로 힘

겨우 승소했고 마침내 찹 오 매틱을 수렁에서 구출할 수 있었다 [아이러니하게도 오랜 세월이 지난 후에 그는 초기 찹 오 매틱과 비슷한 블리츠하커(Blitzhacker)를 만든 스위스 발명가들과의 소송에서 패했다].

결국 론은 아버지의 찹 오 매틱을 제대로 홍보하고 판매하는 방법을 고안하게 됐다.

이런 가문의 유산과 기술, 경험으로 무장한 론은 사소한 기계들을 당황스러울 정도로 많이 발명하거나 권리를 사들이는 한편 사람들이 질릴 정도로 광고하고, 광고하고, 또 광고했다.

누구에게도 반드시 필요한 물건은 아니었다. 그래도 멋들어진 이름이 붙은 저렴하고 조그맣고 신기한 이 녀석들은 묘한 매력을 풍겼다. 각각의 상품들은 제각기 다른 욕구를 충족시켰는데, 사람들은 자기가 원래 그런 욕구를 가지고 있었다고 '거의' 믿게 되었다.

값싸게 만들어서 저렴하게 방송할 수 있었던 텔레비전 광고야말로 성공의 열쇠였다. 론 포페일은 광고를 싼값에 제작해서 밤낮을 가리지 않고 멀미가 나도록 방송하는 방법을 생각해 냈다(특히 심야 시간대 TV광고는 거의 비용이 들지 않았다). 이를 통해 어쩌다 텔레비전 수상기를 켜 놓은 사람들의 무의식 속으로 광고 문구가 침투해 들어갔다.

포페일의 광고는 그가 만든 제품 이름처럼 수완이 교묘했다. 아나운서가 동일한 상품 이름을 속사포같이 쏘아대면서 구매를 강요하는 왁자지껄한 광고 기법은 보는 사람들의 혼을 쏙 빼놓는 이상한 매력이 있었다. 억지스러운 친근함으로 무장한 아나운서는 상품 선전을 예닐곱 번 반복한 후에 언제나 바보 같은 몇 마디 말을 추가하여 소비자의 환심을 사려고 했다. "하지만 잠깐!" 그리고 이렇게 덧붙인다. "아직 더 남아 있습니다."

론의 발명품에는 어떤 것이 있을까?

인스턴트 샤인(Instant-Shine) : 구두 닦는 스프레이.

플라스틱 플랜트 키트(Plastic Plant Kit) : '다양한 나뭇잎 색깔의 액체 플라스틱 튜브와 잎사귀 형태가 음각된 금속 형틀, 나무줄기, 녹색 테이프'로 구성되었다.

다이얼 오 매틱(Dial-O-Matic) : 음식 써는 기계. "신문 글씨가 비칠 정도로 토마토를 얇게 썰 수 있습니다."

베지 오 매틱(Veg-O-Matic) : "얇팍썰기, 깍둑썰기, 채썰기를 완벽하게 해냅니다. 감자 한 개를 일정한 얇기로 한 번에 썰어 내는 것을 보십시오! 고리를 돌리기만 하면 얇기를 조절할 수 있으며 얇팍썰기에서 깍둑썰기로 모드를 바꾸는 것도 마술같이 간단합니다. 양파 썰기를 좋아하는 사람이 누가 있습니까! 베지 오 매틱은 그런 당신을 위해 양파를 재빨리 무더기로 썰어 냅니다. 이제 여러분이 흘릴 눈물은 오직 기쁨에 겨운 눈물뿐입니다."

민스 오 매틱(Mince-O-Matic) : "강력한 진공 접착식 손잡이 포함!" 이 상품을 구매하는 고객에게는 덤으로 푸드 글래머라이저(Food Glamorizer) 증정. "이 제품을 사용하면 신선한 레몬 껍질을 바텐더처럼 능숙하게 벗길 수 있습니다."

버트니어(Buttoneer) : "단추의 문제는 항상 떨어진다는 것. 단추가 떨어졌을 때 옛날처럼 바늘과 실로 꿰맬 생각하지 말고 버트니어를 사용해 보세요!"

론코 연기 없는 재떨이(Ronco Smokeless Ashtray) : 재떨이에 담배를 끄면 담배 연기가 여과 장치 안으로 빨려 들어가는 제품.

미스터 마이크로폰(Mr. Microphone) : 간단한 형태의 무선 마이크로 근처에 있는 FM 수신기를 통해 목소리를 내보낼 수 있는 제품. "가족 모두가 즐길 수 있는 이 재미있고 실용적인 제품의 가격이 단돈 14달러 88센트라니요! 당장 두세 개 구입해 보세요. 선물용으로 손색이 없습니다."

인사이드 더 아웃사이드 윈도우 워셔(Inside the Outside Window Washer): 이 제품은 그리 잘 팔리지 않았다.

트림 콤(Trim-Comb) : 작은 플라스틱 머리빗으로 안쪽에 면도날이 들어 있다. "이제 누구나 손쉽게 머리를 다듬을 수 있으며 이발 비용을 줄일 수 있습니다. 일반적인 머리 다듬기, 머리숱 치기, 모양내기, 기장 다듬기, 층 만들기, 이 모든 것이 이 빗 하나로 가능합니다. 자, 이제 여러분이 하실 일은 그냥 머리를 빗는 것뿐입니다."

론코 보틀 앤 자 커터(Ronco Bottle and Jar Cutter) : "이 기계를 사용하면 쓰레기로 버려지는 병이나 유리 항아리를 유리 장식이나 테이블 장식 등 수천 가지로 새롭게 재활용할 수 있습니다. …… 아빠의 취미 생활, 아이들의 놀이 도구, 엄마에게는 좋은 선물이 되는 론코 보틀 앤 자 커터. 단돈 7달러 77센트."

포페일 포켓 피셔맨(Popeil Pocket Fisherman) : "아들을 기쁘게 하고 싶습니까? 포켓 피셔맨을 선물하십시오!"

론코 식품용 5단 전기 탈수기(The Ronco 5-Tray Electric Food Dehydrator) : "이거 하나면 육포, 바나나 칩, 수프 재료, 심지어 포푸리까지 집에서 만들 수 있습니다."

훌라 호(Hula Hoe) : "흔들거리면서 풀을 깎는 제초기."

셀루트롤(Cellutrol) : 엉덩이, 골반, 허벅지를 위한 미용 보조 기구.

GLH 포뮬러 넘버 나인 헤어 시스템(GLH-Great Looking Hair!-Formula Number 9 Hair System) : 머리숱이 없는 부분을 가려 주는 스프레이.

1991년과 1993년에 포페일은 텔레비전 화면을 통해 잠재의식에 영향을 주는 광고 메시지를 전달하는 방법을 고안해 특허를 받았다(미국 특허 제5017143호, 미국 특허 제5221962호).

론 포페일은 자서전에서 발명가의 비결을 이렇게 밝혔다.

"우리는 유명 인사이고 사람들의 영웅이며 유익한 것을 만드는 평범한 사람들이다. 발명가라는 사실만으로도(그저 평범한 발명가라 해도) 사람들은 우리를 신뢰하는 것 같다. 더 좋은 것은 우리는 발명을 할 수도 있고, 그것을 개선할 수도 있으며, 팔 수도 있다는 것이다. 이 세 가지를 다 할 수 있다면 유명 인사가 되는 것은 시간 문제다."

포페일의 자서전은 그의 기질과 수많은 멋진 발명품에서 드러나는 단순한 생각으로 시작된다.

"나는 밀어붙였고, 소리쳤고, 돌아다니면서 팔았다."

그 방식은 효과가 있었다. "나는 지갑 속에 돈을 채워 넣기 시작했는데 내가 평생에 본 적도 없는 많은 액수였다."

론 포페일은 끊임없는 발명에 대한 공로를 인정받아 1993년에 이그노벨 소비자 공학상을 수상했다.

수상자는 이그노벨상 시상식에 참석하지 않았다. 안 온 건지 못 온 건지 알 수 없지만. 론 포페일은 이그노벨상 수상 후에도 일생의 직업인 발명과 판매를 계속했다.

키보드 위의 새끼 고양이

고양이가 키보드에 착지하는 순간 고양이의 무게에 움직임에 따른 모멘텀이 더해져 키보드에는 몇 파운드의 힘이 가해진다. 그 힘은 주로 고양이의 발바닥을 통해 전달된다. 고양이가 키보드에 올라가 있는 동안 고양이의 발바닥 각도와 발가락 위치는 계속해서 변한다. 이 때문에 키보드가 뒤죽박죽 눌리면서 특이한 글자들이 이상한 패턴으로 화면에 나타나게 된다. 고양이가 걷거나 드러누울 때의 전반적인 행동 패턴도 고양이 때문에 생기는 타이핑을 식별하는 데 도움이 된다.

– 제조업체가 제공하는 프로그램 설명서 중에서

공식 발표문

이그노벨 컴퓨터 과학상을 애리조나 주 투손의 크리스 나이스원더(Chris Niswander)에게 수여한다. 수상자는 고양이가 컴퓨터 키보드 위를 가로질러 걸어가는 것을 감지하는 포센스(PawSense)라는 소프트웨어를 개발한 공로를 인정받았다. 포센스는 미국 애리조나 주 투손 드라크만에 위치한 비트부스트 시스템즈(BitBoost Systems)를 통해 구할 수 있다(http://www.bitboost.com).

크리스 나이스원더는 컴퓨터 과학자이자 투손 멘사 협회 소식지 편집자다. 그는 고양이와 컴퓨터 사이에 존재하는 근본적인 문제에 지적으로 접근해 보려 했다. 우선 그는 문제를 정의했다.

"고양이는 컴퓨터 키보드 위로 기어오르거나 키보드 위를 걸어다니면서 임의로 어떤 명령이나 데이터를 입력하여 파일을 손상

하고 심한 경우에는 컴퓨터를 망가뜨릴 수도 있습니다. 이런 사고
는 사람이 컴퓨터 근처에 있을 때든 멀리 있을 때든 일어날 수 있
는 일입니다."

이렇게 문제를 정의한 다음에 나이스원더는 문제를 풀기 시작
했다. 그의 말을 들어 보자.

"포센스는 고양이가 컴퓨터를 망가뜨리는 사고를 방지해 주는
소프트웨어입니다. 이 소프트웨어는 고양이의 타이핑을 재빨리
감지하고 차단할 뿐만 아니라 고양이가 컴퓨터 키보드에서 멀리
떨어져 있도록 훈련시키는 데도 꽤 유용합니다."

"왜 만든 겁니까?"라고 물어본 사람들이 다음으로 알고 싶어
하는 것은 한결같다. "어떻게 작동합니까?"

나이스원더는 "왜?"라는 첫 번째 질문에 언제나 공손하게 대답
한다. 그런 다음 이렇게 설명한다. "포센스는 고양이의 타이핑을
감지하는 데에 있어 최고의 반응 속도와 신뢰성을 확보하기 위해
변수 간의 조합을 다각도로 고려합니다. 포센스는 자판이 눌리는
시간과 여러 변수들의 조합을 분석하여 인간의 타이핑과 고양이
의 타이핑을 구별합니다. 포센스는 일반적으로 고양이가 키보드
위에서 한두 걸음 걷자마자 이를 감지할 수 있습니다."

포센스가 키보드 위의 고양이를 감지하면 하모니카 소리가 크
게 울려 퍼진다. 나이스원더가 직접 녹음한 '쉿쉿' 하며 쫓는 소리
가 나오기도 하고 사람은 좋아하지만 대부분의 고양이한테는 달

갑지 않은 소리가 터지기도 한다.

물론 귀먹은 고양이한테는 이런 소리가 효과가 없다고 한다. 그 래도 포센스는 고양이의 움직임을 감지하는 즉시 고양이의 키보 드 입력을 차단한다. 이런 경우 컴퓨터 화면에는 '고양이 류(類)의 타이핑이 감지됨'이라는 대형 글씨가 나타나고 사람은(또는 할 수 만 있다면 고양이는) 'human'이라는 단어를 입력해야 한다. 글자를 모르는 고양이가 운 좋게 발로 'human'을 입력할 수도 있겠지만 그럴 가능성은 매우 낮다.

나이스원더는 포센스에 대한 특허를 신청한 상태다. 그는 두 번 째 제품으로 '베이비 센스'를 구상 중이라고 한다. 하지만 이를 위 해서는 헤아릴 수 없을 만큼 수많은 연구 개발이 선행되어야 하 기 때문에 이 제품을 언제 출시할 수 있을지에 대해서는 선뜻 확

답을 하지 못하고 있다. 나이스원더는 어린 자녀들이 컴퓨터에 접근하는 것을 막고 싶어 하는 포센스 고객들에게 다음과 같이 조언한다. 물론 아주 완벽한 방법은 아니다.

"만일 아기가 팔을 쭉 뻗어서 손바닥이나 주먹으로 키보드에 충격을 준다면, 고양이 발바닥으로 생긴 것과 비슷한 키보드 눌림 현상이 나타납니다. 이때에는 포센스가 상당히 효과적입니다. 하지만 아기가 자판을 한 번에 한 개씩 콕콕 찍어 누른다면, 포센스는 그 아기가 진짜 사람이라고 인식할 것입니다."

크리스 나이스원더는 고양이 때문에 발생할 수 있는 재난으로부터 컴퓨터를 보호하고, 보너스로 아기들이 저지를 수 있는 사고에 대한 최소한의 예방법을 제공한 공로를 인정받아 2000년 이그노벨 컴퓨터 과학상을 수상했다.

나이스원더는 자비를 들여 애리조나 주 투손에서 시상식장까지 날아왔다. 수상 소감에서 그는 다음과 같이 말했다.

"저는 여동생이 키우는 고양이 포보스에게 이것이 진짜 진짜 좋은 아이디어라는 확신을 심어 주어 고맙다는 말을 전하고 싶습니다. 제 생각엔 이게 제가 할 수 있는 말의 전부인 것 같습니다. 포보스, 고마워. 이게 진짜 좋은 아이디어라고 내게 알려 줘서!"

나이스원더가 수상 소감을 마치고 레오니드 햄브로(Leonid Hambro)가 헌사를 위해 우아하게 무대에 등장했다. 햄브로는 뉴욕 필하모닉 오케스트라 수석 피아니스트 출신으로 그 후 10년 간 피아니스트 겸 코미디언인 빅터 보르지(Victor Borge)의 순회 공연 파트너로 일해 왔다. 이 특별한 순간을 위해 그가 선택한 곡은 바로 작곡가 지즈 콘프리(Zez Confrey)의 1921년 작품 '건반 위의 새끼 고양이(Kitten on the Keys)'였다.

새삼스러운 특허 출원

이 발명품은 사람 및 재화의 수송을 용이하게 하는 장치와 관련이 있다. 구체적으로 이 장치는 원형의 물체이며 사람 및 재화를 지표면 위에 띄워서 지표면과 수평인 상태로 이동시킬 수 있다.

– 호주 혁신 특허 제201100012호 중에서

공식 발표문

바퀴 특허를 출원한 공로를 인정하여 호주 빅토리아 호손에 사는 존 커프(John Keogh)에게 2001년 이그노벨 기술상을 수여한다. 또한 그에게 혁신 특허를 허가해 준 호주 특허청에게도 공동으로 이 상을 수여하는 바이다.

호주 신문 「디 에이지(The Age)」는 2001년 7월 2일에 "멜버른의 남자가 바퀴 특허를 취득하다."라는 헤드라인으로 관련 기사를 대서특필했다. 기사에서 말하는 사건의 전말은 이러하다.

"멜버른에 사는 한 남성이 바퀴에 대한 특허를 취득했다. 프리랜서로 일하는 특허권 전문 변호사 존 커프는 '원형의 운송 촉진 장치'에 대한 혁신 특허를 받았다. 이는 5월에 새로운 특허 시스템이 도입되고 며칠이 지나 벌어진 일이다.

바퀴에 대한 특허를 신청했다고 해서 커프가 불이라던가 농작물의 윤작처럼 인류 문명의 근간이 되는 다른 성과들까지 특허를 신청할 계획을 세웠던 것은 아니다. 커프는 바퀴에 대한 특허를 낸 이유가 새로운 특허 시스템에 문제가 있다는 것을 증명하기 위해서였다고 설명했다. 호주 정부가 새로 도입한 특허 시스템은 특허청의 검사를 받지 않는다.

커프에 따르면 호주 특허청은 특허를 발부할 의무가 있는 관청이다. '그들이 현재 하는 일은 오직 발부된 특허에 고무도장을 찍는 것뿐이다. 원인은 연방 정부다. 유권자들이 특허 취득 비용이 지나치게 높다면서 정부는 특허를 보다 쉽게 발급하는 방법을 모색해야 한다고 요구했기 때문이다.'"

호주 특허청은 호주에서 두 가지 형태의 특허를 발급하고 있다.

표준 특허(Standard Patent)는 발명에 대해 20년까지 장기 보호권 및 사용권을 보장한다.

혁신 특허(Innovation Patent)는 비교적 저렴하고 신속하게 발부되며 호주 특허청이 선택적 보호권을 제공하는 특허로서 여러 지적 재산권 중에서 가장 최신의 것이다. 보호 기간은 최대 8년이다.

호주 특허청에 따르면 변호사 수임료를 포함하여 표준 특허 취득에 소요되는 비용은 대략 5,000달러에서 8,000달러에 이른다. 그러나 혁신 특허를 취득하는 데는 180달러면 충분하다.

커프는 혁신 특허를 취득했다. 구체적으로 말하면 그는 혁신 특허 제201100012호를 취득했다. 발명품의 공식 명칭은 '원형의 운송 촉진 장치'다.

특허청장 비비언 톰(Vivienne Thom)의 말을 들어 보자. "특허를 취득하려면 신청자는 자신이 발명자 본인이라고 선언해야 합니다. 바퀴 특허를 취득했다는 말은 신청자가 거짓으로 선언을 했다는 것을 의미하며 이는 해당 특허를 무효화할 만큼 심각한 문제입니다. 뿐만 아니라 지원자가 허위 진술을 했으며 전문 변호사가 비전문적인 행위로 일을 공모했다는 뜻이기도 합니다."

호주 특허청은 홈페이지((www.IPAustralia.gov.au)를 통해 특허 신청자에게 자신이 신청할 특허가 이미 등록되어 있는지 먼저 살펴보라고 권고하고 있다. "절대로 바퀴는 다시 발명하지 마십시오. 사전에 전 세계 특허 정보를 검색한다면 같은 일을 두 번 하느라 시간과 비용을 낭비하지 않을 것입니다."

21세기에 바퀴 특허를 최초로 획득한 것을 인정받아 존 커프는 2001년 이그노벨 기술상을 수상했다. 또한 그에게 특허를 허가한 호주 특허청도 수상의 영예를 나누어 가졌다.

수상자들은 이그노벨상 시상식에 참석하지 않았다. 아마도 올 수 없었거나 오고 싶지 않았던 모양이다. 하지만 존 커프는 수상 소감이 담긴 비디오테이프를 보내는 성의를 보였다. 비디오테이프에서 그는 이렇게 말했다.

"앉아서 특허 신청서의 세부 사항을 작성하면서 저는 한 가지 목적만을 생각했습니다. 바로 호주 정부가 새롭게 도입한 혁신 특허 시스템의 취약점을 밝히는 것이었습니다. 그 시스템 때문에 호주 특허청은 사실상 신청하는 건 무엇이든지 특허를 발부하고 있습니다. 이그노벨상 수상은 제가 예상했던 결과는 아니었습니다. 바퀴 특허를 취득함으로써 몇 가지 긍정적인 결과를 보았습니다. 호주의 지적재산권 법이 가진 중요한 문제점을 부각시켜 호주뿐만 아니라 전 세계적으로 대중의 관심을 불러 모을 수 있었습니다. 제가 이 상을 수상함으로써 호주의 특허법이 수정되고 바퀴에 대한 특허가 다시 나오지 않도록 하는 데 일조할 수 있기를 바랄 뿐입니다."

이것은 현재로서는 유일한 '원형 운송 촉진 장치'에 대한 공식 기술 설명서다.

발명 배경

오래전부터 재화와 서비스의 운송은 수많은 방법을 통해 이루어져 왔다. 가장 보편적인 방법은 사람이 물건을 들고 걸어서 운반하는 것이었다. 다른 운송 방법들도 있다. 예를 들어 추운 지역에서는 스키, 썰매, 터보건(썰매의 일종 –옮긴이), 또는 이와 유사한 수단들로 얼음이나 눈과 같이 매끄럽고 마찰력이 적은 표면 위를 미끄러져 내려가면서 사람과 재화 등을 운송했다. 이와 같은 형태의 운송 방식은 경사진 표면을 헤치고 내려올 때에 끌어당기지 않아도 저절로 움직인다는 이점이 있다. 이런 운송 방식을 사용하는 사람은 오르막이나 거의 평평한 곳에서만 힘을 쓰면 된다. 그리고 이렇게 힘을 비축한 사람은 원하는 목적지까지 보다 빠르고 쉽게 이동할 수 있다.

불행하게도 얼음이나 눈이 자연적으로 형성되지 않는 기후에서는 매끄러운 표면을 이용한 운송 방법을 거의 활용할 수 없다. 이와 같은 상황에서 다른 대안이 존재하지 않는다면 직접 걸어서 운송하는 방법밖에는 없을 것이다. 만일 눈이나 얼음보다 높은 마찰력을 가진 내리막길에서 밀거나 당기는 힘이 없이도 물자를 움직일 수 있는 장치가 있다면 유용할 것이다.

발명 개요

현재 이 발명의 여러 초기 형태 중 하나를 따르려면 다음과 같은 각각의 운송 촉진 장치가 반드시 필요하다.

· 원형의 테두리.

- 속이 빈 원통형 부품이 그 속에 있는 막대기 둘레를 회전할 수 있게 하는 축받이.
- 원형 테두리와 축받이에 연결된 원통형 부품을 결합하고 고정하는 여러 가지 연결 부품.
- 축받이에 연결되는 막대기를 원형 테두리 평면에서 직각으로 배치했을 때 막대기를 정확하게 원형 테두리의 중심에 고정할 부품.

인기를 끌고 있는 발명 형태

오늘날 가장 인기 있는 것 중 하나는 원형 테두리 표면 바깥쪽에 고무 덮개를 씌운 형태다. 이 형태는 지표면에서 더욱 매끄럽게 굴러갈 뿐 아니라 고무 덮개가 원형 테두리 표면 외부를 보호한다. 여기에서 더욱 인기가 있는 형태는 고무 덮개 안에 공기 주입식 튜브를 넣은 형태다.

문학 부문

이슬만 먹고 사는 여자

이것은 거부의 과정이 아닙니다. 지난 몇 년 동안 저의 정신적 스승들께선 저에게 음료나 물을 마시는 것도 그만두라고 종종 말씀하셨습니다. 그분들은 제 몸에 필요한 것은 단지 '흐르는 빛'이라고 말씀하셨지요. 그렇긴 하지만 저는 친구들과 어울려 차를 마시는 것을 좋아합니다. 또한 글을 쓰고 있을 때면 아무것도 먹지 않는 것이 가끔 허전하게 느껴질 때도 있습니다.
– 야스무힌의 「빛만 먹고 살아가기」 서문 중에서

공식 발표문

호주의 야스무힌(Jasmuheen)에게 이그노벨 문학상을 수여한다. 그녀는 생명력식주의(Breatharianism)의 지도자로 자신의 저서 『빛만 먹고 살아가기(Living on Light)』에서 사람들은 음식을 섭취하고 있지만 실제로는 그럴 필요가 없다고 설명했다.

야스무힌은 1998년에 출판한 『빛만 먹고 살아가기』에서 자신의 음식 섭취 기록과 몸 상태를 자세히 묘사했다.

생명력식주의자들은 여럿이 함께든 혼자서든 먹지 않는 것을 좋아한다고 말하는, 느슨하지만 즐거운 그룹에 속한 사람들이다. 생명력식주의의 기본은 음식을 전혀 먹지 않는다고 선언하는 것이다. 만일 그들이 뭔가를 먹는다면 그건 사회적인 이유 때문이거나 즐거움을 위해서지 양분을 섭취하기 위해서는 아니다.

야스무힌의 본명은 엘렌 그레브이다. 그녀는 자신이 1993년 이후 제대로 된 식사를 하지 않았다고 말한다. 1993년 이후 음식이 아닌 다른 것들을 통해 생명 유지에 필요한 영양분을 공급받았다고 말이다. 음식물을 거의 섭취하지 않고 살아간다는 사실이 알려지면서 그녀는 생명력식주의자 중에서도 가장 큰 명성을 얻게 되었다.

생명력식주의란 무엇일까? 야스무힌은 강연과 책을 통해서 생명력식주의가 무엇인지 명확하면서도 단순하게 정의하고 있다.

"생명력식주의란 모든 종류의 영양분과 비타민, 그 외에 인간 생활에 필요한 칼로리를 카이 에너지(chi energy)라고 불리는 우주의 생명 에너지로부터 흡수하는 능력을 말한다. 이러한 능력을 가진 사람은 음식을 섭취할 필요가 없다."

야스무힌은 바로 이런 능력을 가지고 있기 때문에 음식을 섭취할 필요가 없다고 한다. 그녀의 책 중에서 가장 많이 팔린 『빛만 먹고 살아가기』의 표지에는 다음과 같은 문구가 쓰여 있다. "1993년 이래로 야스무힌은 프라나(Prana : 숨, 호흡이라는 뜻-옮긴이)라고 불리는 우주의 생명 에너지로부터 모든 영양분을 공급받아 살고 있다."

야스무힌은 무척 활기차고 건강한 생활을 하는 것으로 보이는데도 많은 사람들이 그녀를 의심했다. 런던 일간지 「더 타임스(The Times)」는 2000년 4월 6일 기사에 야스무힌과 같은 비행기에 탑승했던 호주 기자의 증언을 실었다. 그 기자는 기내 승무원과 야스무힌이 채식주의 식단을 재확인하는 대화를 분명히 들었다고 말했다. 야스무힌은 재빨리 기사를 부인했지만 곧 태도를 바꿔 말했다. "예, 제가 주문을 하긴 했어요. 하지만 실제로 먹으려고 한 것은 아닙니다."

야스무힌은 회의적인 시선으로 자신을 바라보는 사람들에 대해서도 관대한 태도를 취했다. 야스무힌은 자신의 홈페이지에 비행기 사건에 대해 다음과 같이 기술했다.

"정확한 사실 : 「데일리 미러(Daily Mirror)」 지의 기자는 승무원과 내가 나누는 대화를 잘못 알아들었다. 승무원은 내 항공권을 확인하고 10년 동안 한결같이 채식주의 식단으로 예약되어 있다고 확인했을 뿐이고 나는 식사 주문 따위에는 관심이 없었기에 알았다고 답했을 뿐이다.

정확한 사실 : 나는 장시간 비행을 할 때 가끔 감자를 조금 먹곤 한다. 잠이 들기가 너무 힘들 때 약간의 음식을 섭취하면 소화가 촉진되고 신체 에너지 수준이 떨어져 쉽게 수면을 취할 수 있기 때문이다. 그리 법석을 떨 일은 아니다."

1년 전 호주의 뉴스 프로그램인 〈60분(60 Minutes)〉은 야스무힌의 주장을 확인하기 위해 실험을 하나 했다. 〈60분〉 팀은 야스무힌을 브리즈번에 있는 한 호텔 방에 7일 동안 가두었다. 7일 동안 기자들은 팀을 이루어 야스무힌이 음식을 섭취하는지 면밀히 관찰했고 의료진도 수시로 그녀의 건강 상태를 점검했다. 3일째가 되자 의료진은 야스무힌이 탈수와 스트레스 증세를 보이고 있다며 건강에 대한 우려를 표했다. 그래서 야스무힌과 팀 전체는 좀 더 쾌적하고 스트레스가 덜할 것으로 예상되는 도시 외곽의 산으로 이동했다. 그로부터 이틀 후 〈60분〉 팀은 이 실험을 중단했고 야스무힌은 병원에 실려 갔다.

이 사건에 관한 비판에 대해서도 야스무힌은 그녀 특유의 재치와 솔직함으로 대처했다. 그녀가 속한 단체는 다음과 같은 보도 자료를 발표했다.

"〈60분〉 팀은 실험이 닷새째에 접어들자 담당 의료진이었던 웬크(Wenck) 박사의 소견을 받아들여 야스무힌에 대한 실험을 종료하기로 결정했다. 웬크 박사는 야스무힌의 몸속에서 일어나고 있던 과정에 대해 깊은 지식이 없었기 때문에 약간의 체중 감소와 탈수 증세를 지나치게 걱정했을 뿐이다. 우리가 이 분야에서 7년 동안 축적한 연구 결과에 관한 사전 지식이 없는 의사라면 누구라도 웬크 박사와 같은 반응을 보일 것이다. 실험을 시작하기 전부터 야스무힌은 자신의 체내에서 일어나는 반응을 놀라지 않고 받아들이려면 그녀의 연구 자료를 숙지하는 것이 매우 중요하다고 말해 왔다. 그럼에도 불구하고 프로듀서와 웬크 박사는 야스무힌의 연구 자료를 제대로 읽지 않았다고 인정했다. 야스무힌은 즐거웠고 안전하게 실험을 계속할 수 있었지만 그들은 위험한 상황이라고 판단해 실험을 중단시켰다."

그녀를 의심하고 비판하는 사람들도 있지만 야스무힌은 점점 유명해지고 있다. 야스무힌이 설립했으며 CIA라고 불리기도 하는

'우주 인터넷 아카데미(Cosmic Internet Academy)'는 모든 지구인이 하나가 되어 평화롭게 살아가는 것을 사명으로 여기는 기관이다. 이러한 사명을 위해 우주 인터넷 아카데미는 교육 자료를 배포하고 세미나와 수련회를 개최한다. 야스무힌도 각종 강연 및 저술 활동으로 무척이나 바쁜 일정을 보내고 있다. 그녀의 주요 저술과 교육 프로그램은 다음과 같다.

야스무힌의 대표적인 저서로는 『호흡을 통한 영양 공급(Pranic Nourishment)』, 『울림 속에서(In Resonance)』, 『숨 들이마시기(Inspirations, 전 3권)』, 『의식의 흐름(Streams of Consciousness, 전 3권)』, 『빛의 대사(Ambassador of Light)』, 『우리의 후손들 : 새로운 X세대(Our Progeny : the X-re-Generation)』가 있으며, 오디오 테이프 교재로는 〈호주를 넘어 세계로(Australia Overseas)〉, 〈생명의 호흡(Breath of Life)〉, 〈내 안의 성소(Inner Sanctuary)〉, 〈감정의 재구성(Emotional Realignment)〉, 〈힘이 생기는 명상법(Meditation for Empowerment)〉, 〈자가 치료 명상법(Self-Healing Meditation) 등이 있다. 이 밖에 교육 프로그램으로는 '기분이 좋아지는 수련회(5일)', '긍정성 훈련 해외 수련회(7일)' 등이 있다.

많은 사람들은 야스무힌이 음식 섭취를 중단한 후 체중이 감소했는지 무척이나 궁금해한다. 실제로 야스무힌은 체중이 감소했다. "저는 제 체중이 적정선을 유지하도록 조절해 뒀어요. 지금 저의 몸은 47~48킬로그램을 유지하고 있지요. 음료를 마시거나 음식을 먹어도 제 몸무게는 거의 변함이 없답니다."

그리고 다음과 같이 덧붙였다. "프로그램이 진행된 후에 몸무게를 늘리려고 노력하는 것은 애초에 살이 빠지지 않게 하는 것보다 더 어려워요." 1년 동안 엄청난 노력을 기울인 결과 야스무힌은 체중을 8킬로그램 가량 늘릴 수 있었다.

생명력식주의자들에게는 모든 신체 기능을 조절할 수 있는 능력이 있지만 야스무힌은 사회적인 이유 때문에 그러지 말아야 할 경우가 있다고 말한다. "더 이상 출산을 하지 않을 게 분명해졌기에 저는 생리를 하지 않도록 제 몸을 조절해야겠다고 생각했어요. 하지만 저의 정신적 스승께서는 전통적으로 생리는 건강의 표식으로 인식되기 때문에 생리를 중단하지 말라고 조언해 주셨어요. 제 몸이 건강한 상태라는 것을 보여 주는 하나의 상징이니까 말이죠."

야스무힌의 홈페이지(www.jasmuheen.com)에는 '2012년이 될 때까지 모든 지구인을 건강하게 먹이고, 잘 입히고, 편안하게 쉬게 하고, 전인 교육을 받을 수 있게 하는 것'이 그녀의 사명이라고 쓰여 있다.

새로운 영양 섭취 방식을 전 세계에 전파하려 한 노력을 인정받아 야스무힌은 2000년 이그노벨 문학상을 받았다.

수상자는 시상식에 참석하지 않았지만 이그노벨상 위원회와는 이메일을 주고받았다. 우리는 야스무힌과 주고받은 이메일에서 다양한 주제에 대해 이야기를 나누지는 못했다. 하지만 그녀가 전 세계를 돌아다니고 있다는 것은 확인할 수 있었다. 야스무

흰은 여러 국가를 여행하면서 강의를 하고 빛을 통한 영양 섭취를 시연하고 있었다. 그녀는 이그노벨상 수상이 진심으로 기쁘고 자랑스럽지만 브라질에서 열리는 대규모 행사에 참석해야 해서 시상식에 올 수 없다며 안타까워했다.

야스무힌이 처음 생명력식주의를 시작한 것은 아니다. 그녀 자신도 그렇게 밝히고 있다. 야스무힌은 자신의 책에서 "생명력식주의는 인류가 시작되었을 때부터 있었다."고 말한다.

다음은 음식을 거부하고 살았던 명사들의 기록이다.

이 자료는 몬트리올 예방 의학 연구소의 자연요법사 유르겐 부쉬(Juergen Buche)가 정리한 것으로 부쉬는 신문과 기밀문서를 통해 정보를 수집했다고 밝혔다. 따라서 아래의 글은 부쉬의 글을 그대로 인용한 것이며 참고 문헌 목록 또한 그가 적어 놓은 그대로이다.

- **유다 멜러(Judah Mehler)** : 위대한 랍비로 1660년부터 1751까지 생존했다. "일주일에 한 번만 먹고 마셨으며 일 년에 열두 번 유대인의 명절이 있을 때만 금식을 깼다. 세 개의 공동체에서 랍비로 활동했으며 91세까지 살았다. (출처: 「리플리의 믿거나 말거나(Ripley's Believe It or Not)」)
- **마리 프루트너(Marie Frutner)** : 바이에른의 소녀로 음식을 먹지 않고 물만 마시면서 40년을 살았다. 1835년 뮌헨에서 사람들이 그녀의 생활을 일정 기간 관찰하기도 했다. (출처 : 「건강 조사(Health Research)」의 힐튼 호테마(Hiton Hotema)
- **얀 멜(Yand Mel)** : 스무 살로 약 9년 동안 음식을 입에 대지 않았다. 그러나 전혀 굶고 있는 사람처럼 보이지 않는다. 식욕을 잃어버린 것을 제외하면 평범한 사람들과 똑같이 산다. 그녀의 위장 기관들은 활동하지 않아 원시 상태가 되었다. 심지어 물도 마시지 않았다고 한다. (출처 : H. B. 존스(H.B. Jones) 박사가 1940년에 쓴 「암(Am. J. Cancer)」 243~250쪽에서 T. Y. 가(T.Y. Ga) 박사가 말한 내용.)

- **기리 발라(Giri Bala)** : 서벵골 주 바하에 거주하는 70세 여성이다. 어렸을 때는 식욕이 매우 강했지만 12세 이후로는 물과 음식을 섭취하지 않았다. 한 번도 아픈 적이 없었고 프라나야마라는 호흡법과 요가의 전문가이다. 항상 행복하게 살아가는 그녀는 마치 어린아이처럼 보인다. 평상시에는 일상적인 집안일을 하면서 생활한다. 배변을 전혀 하지 않는다. 작고한 스리 비알리 찬드 마흐타브(Sri Bijali Chand Mahtab)가 기리 발라의 사례를 연구하기도 했다. (출처: 1946년 출판된 『어느 요기의 자서전(Autography of a Yogi)』에서 파람한사 요가난다(Paramhansa Yogananda)가 말한 내용.)

- **다나락 슈미(Danarak Shumi)** : 인도 마카라에 사는 18세 소녀. 1년 이상 물과 음식을 전혀 먹지 않은 채 건강한 생활을 하고 있다. 14세 때부터 식욕이 줄어들기 시작해 결국 아무것도 먹을 수 없는 상태가 되었다. 인도 정부는 그녀를 방갈로르 종합 병원에 보내 검사를 받게 했다. (출처 : 『봄베이 프레스(the Bombay Press)』 1953년 8월)

- **발라요기니 사라스바티(Balayogoni Sarasvati)** : 인도 암마에서 3년 넘게 물만 먹고 살았다. (출처: 『장미십자회 요람(the Rosicrucian Digest)』 1959년 6월호)

- **카리발라 다시(Caribala Dassi)** : 1932년 인도의 「메시지(Message)」에 따르면 40년 동안 물과 음식을 먹지 않고 살면서도 집안일을 거뜬히 해냈고 건강상의 문제도 없었다고 한다. (출처: 확인된 바 없음)

- **테레사 아빌라(Teresa Avila)** : 1898년에 바이에른의 농가에서 태어났다. 1926년 이후 아무것도 먹지 않았고 잠도 자지 않았다. 그런데도 병약하지 않았고 마르지도 않았으며 늘 정원에서 일했다. (출처: 확인된 바 없음)

- **테레세 노이만(Therese Neumann)** : 독일인 수녀로 1952년에 세상을 떠났다. 40년 동안 물과 음식을 먹지 않았으나 만족스러운 삶을 살았다고 한다. (출처: 확인된 바 없음)

차 한 잔을 만드는 표준 공식

우리는 제대로 된 한 잔의 차를 만드는 표준 원칙을 세우는 것이 중요하다고 믿고 이를 개발하려 노력해 왔습니다. 이런 노력을 인정받게 되어 너무나 기쁩니다.
– 영국 표준 협회 스티브 타일러의 「가디언」 지 인터뷰 중에서

공식 발표문

'정식으로 차 한 잔을 만드는 방법'에 관한 여섯 쪽짜리 설명서(BS 6008)를 발간한
영국 표준 협회에 이그노벨 문학상을 수여한다.

어떻게 하면 차 한 잔을 제대로 만들 수 있을까? 이 질문에는
여러 가지 답이 있을 수 있다. 하지만 공인된 영국 표준은 단 하
나만 존재한다.

BSI(British Standards Institution)라는 약어로도 잘 알려진 영국 표
준 협회는 '차를 만드는 표준 양식'이라는 설명서를 발간했다. BSI
에서 보급하는 모든 표준처럼 '차를 만드는 표준 양식'에도 공식
명칭과 인증 번호가 있다. 공식 명칭은 바로 '감각 실험을 사용한
차를 끓이는 일련의 준비 과정에 대한 기술(Method for Preparation
of a Liquor of Tea in Use in Sensory Tests)'이고 인증 번호는 BS 6008

이다.

1980년 이후로 BS 6008은 한 번도 수정된 적이 없다. BS 6008은 여섯 쪽 분량인데 꽤 값나가는 책자이다. 이 책자의 정확한 가격은 20파운드로 영국 표준 협회에서 판매하고 있다.

사실 차와 관련된 전문 지식이 없으면 공식 명칭에 나타난 'liquor'라는 단어 때문에 혼동할 수도 있다. BSI는 이 단어의 뜻이 알코올을 함유한 술을 의미하는 것이 아니라 '용해될 수 있는 물질에서 추출한 용액'을 의미한다고 설명했다.

차 한 잔을 만든다는 것은 어떤 의미일까? 공식적인 설명은 다음과 같다. "도자기나 질그릇 재질로 만든 찻주전자에 말린 찻잎을 넣은 다음 깨끗하게 끓인 물을 넣어 우려서 말린 찻잎에 포함된 용해성 물질이 추출되게 한다. 그 후 흰색 도자기 잔이나 질그릇 재질의 용기에 우려낸 액체를 붓는다." 또한 찻주전자는 다음과 같은 것이어야 한다. "찻주전자의 끝 부분의 일부는 뾰족하게 처리되어 있고 뚜껑이 있어야 하며 뚜껑 가장자리는 찻주전자와 잘 맞아야 한다."

공식적이라 해도 BS 6008이 소개한 방식들은 어느 정도 유연성을 가지고 있다. 예를 들어 자신이 원하는 대로 우유를 넣거나 넣지 않고 차를 만드는 방식이 모두 소개되어 있다.

여기 BS 6008에 따라 영국식으로 차를 만드는 표준을 간략하게 요약해서 소개한다.

· 1,000밀리리터의 물에 2그램의 차를 넣는다. 2퍼센트 정도

의 오차는 있을 수 있다.

· 차의 맛과 향은 사용하는 물의 경도에 영향을 받는다.

· 끓인 물을 찻주전자 가장자리에서 4~6밀리미터 떨어진 곳 까지 채운다.

· 찻주전자 뚜껑을 닫고 정확히 6분간 찻물을 우려낸다.

· 물 100밀리리터당 우유 1.75밀리리터 비율로 우유를 준비 한다.

· 찻주전자 뚜껑을 덮고 찻잎이 충분히 우러나도록 차를 잔 에 붓는다.

· 미리 부어 놓은 우유에 찻물을 붓는다. 이때 우유가 너무 뜨거워지지 않도록 주의해야 한다. 우유를 넣을 때에는 우유 를 섞은 차의 온도가 65~80도가 되게 하는 것이 좋다.

영국 표준 협회에서 발간한 표준 양식들은 모두 1만 5,000개 가 넘는데 이러한 표준 양식들은 우리의 일상생활과 상업 활동의 전 범위를 아우르고 있다. 표준 인증번호 BS 6008의 바로 앞과 뒤에 있는 인증 번호 BS 6007과 BS 6009가 어떤 것의 표준인지 살펴보는 것도 흥미롭다. BS 6007은 전기와 번개로부터 보호하 는 고무 재질의 절연체를, BS 6009는 신원 확인을 위한 색채 코 드-피하 주사의 사용법을 설명한 것이다.

인증 번호 6000번대의 재미있는 표준 지침 몇 가지를 살펴보자.

BS 6094 : 작업장에서 펄프를 두드리는 방법.

BS 6102 : 자전거 포크를 중심으로 모으는 데 사용되는 나사못.

BS 6271 : 쇠톱날의 모형.

BS 6310 : 이어폰이 귓구멍에 잘 맞게 들어가는지 측정하는 데 쓰는 귓구멍 마개 시연기.

BS 6366 : 미식 축구화에 박는 장식용 징.

많은 문학 비평가들이 BS 6008은 다른 표준 양식보다 문학적으로 매우 수준 높게 기술되어 있다고 입을 모은다. BS 6008은 문학 작품에나 나올 법한 멋진 문장들로 쓰여 있는데 '감각 실험을 사용한 차를 끓이는 일련의 준비 과정에 대한 기술서'라는 다소 거창한 제목이 붙어 있다. BS 6008은 모두가 따를 만한 최적의 가이드라인을 제시하고 있으며 차 끓이는 법부터 예의범절, 차 모임을 준비하는 법 등이 요약되어 있다.

여섯 쪽에 걸쳐 고전적인 산문체로 쓰인 BS 6008 덕분에 영국 표준 협회는 1999년 이그노벨 문학상을 받았다. 영국 표준 협회는 대표자를 선정하여 이그노벨상 시상식에 참석할 수 있게 했을 뿐 아니라 출장에 필요한 경비를 모두 부담했다. 영국 표준 협회의 대표 자격으로 참석한 레지널드 블레이크(Reginald Blake)는 매우 눈에 띄는 차림으로 보스턴 공항에 도착해서 택시를 타고 하버드 대학 시상식장으로 왔다. 짙은 색 양복을 입은 레지널드 블레이크는 정수리 부분에 찻주전자가 달려 있고 양쪽 귀부분에는 찻잔이 달린 모자를 쓰고 있었다.

"차를 끓이는 표준 양식을 만드는 데 5,000년이 걸렸습니다. 그러니 차갑게 마시는 차나 아이스티를 만드는 법이 완성되려면 최소한 7,000년은 걸릴 겁니다. 영국 사람들이 보기에는 보스턴 차사건(1773년 식민지 자치에 대한 영국 정부의 지나친 간섭에 격분한 보스턴 시민, 특히 반(反)영국 급진파가 항구에 정박 중이던 동인도 회사의 선박 두 척을 습격하여 배에 실려 있던 차를 모조리 바다로 던진 사건-옮긴

이그노벨상 시상식에 참석한 영국 표준 협회의 레지널드 블레이크.

이)이 아이스티를 대규모로 만들어 보려 했던 첫 번째 시도가 아니었나 싶습니다. 여러분을 위해 다시 한 번 차 만드는 표준법에 대해 간략히 설명하겠습니다. 우선 2그램의 찻잎과 1,000밀리리터의 끓는 물을 준비합니다. 끓인 물을 찻주전자 가장자리에서 4~6밀리미터 가량 떨어진 곳까지 가득 채우고 뚜껑을 닫습니다. 먼저 우유 5밀리리터를 찻잔에 붓고 그 위에 찻물을 부으면 됩니다. 마지막으로 영국 표준 협회와 보스턴 필하모닉 오케스트라에 감사의 말씀을 전합니다. 그리고 줄리어스 시저의 말을 인용하여 소감을 마무리하려 합니다. '왔노라. 보았노라. 그리고 차를 만들었노라.' 감사합니다."

시상식에 모인 청중은 블레이크를 향해 애정을 듬뿍 담은 수많은 종이비행기와 티백을 날려 보냈다.

고독한 소년의 방귀

이 논문은 심각한 정서 장애를 보이는 소년이 곤경에 처했다고 느낄 때 보이는 몇 가지 행동의 특징에 대해 설명한다. 피터는 분리 공포에 맞서 친밀감이라는 보호막으로 자신을 감싸기 위해 자신의 체취와 방귀를 이용해 방어적인 후각 기관을 발달시켜 왔다. 이 논문은 마이클 포드햄(Michael Fordham)의 발달 이론과 디디에 앙지외(Didier Anzieu)의 '심리적 싸개' 개념이 지적 토양을 이룬다. 또한 윌프레드 비온(Wilfred Bion)의 베타와 알파 요소 개념과 카를 융(Carl Jung)의 상징 발달 및 심리적 억제를 비교 연구한다.

—마라 시돌리의 논문 중에서

공식 발표문

이그노벨 문학상을 「끔찍한 공포에 대한 방어 기제로 나오는 방귀」라는 제목의 논문을 쓴 워싱턴 D.C.의 마라 시돌리(Mara Sidoli) 박사에게 수여한다. 이 논문은 1996년에 「분석 심리학 저널(Journal of Analytical Psychology)」 41권 2호 165~178쪽에 실렸다.

세계에서 가장 위대한 융 아동 심리학자 중 한 사람이 이제까지의 기억 중 가장 지독하고 냄새나는 환자의 사례를 연구했다. 3년 후 그녀는 이 경험이 너무 뿌듯했던 나머지 후세를 위해 논문으로 썼다.

마라 시돌리 박사는 치료 중에 의사를 녹초로 만드는 환자나

다른 의사들이 치료에 실패한 환자를 기꺼이 떠맡는 인물로 동료들 사이에서 유명하다. 하지만 피터의 경우는 특히 쉽지 않았다. 피터는 썩는 냄새를 풍기고 심각한 정서 장애를 지닌 '잠복기' 아동이었기 때문이다. '잠복기'는 지그문트 프로이트가 인간의 일생에서 유일하게 성에 대한 강박이 없는 시기로 정의했던 7~12세 아동을 가리킨다. 대신 피터는 성이 아닌 다른 것에 강박증을 보였다.

한 지역 병원이 마라 시돌리 박사에게 이 별난 환자를 떠맡겼다. 처음부터 시돌리 박사는 피터가 절대로 쉽지 않은 환자가 될 거라고 생각했다.

"피터는 가상의 존재와 큰 소리로 이야기를 했다. 불안해지거나 화가 날 때에는 입으로 방귀 소리를 낼 뿐 아니라 실제로도 항문에서 엄청나게 소리가 큰 방귀가 뿜어져 나왔다. 스트레스를 받을 때에는 바지에 똥을 쌌다(이미 배변 훈련이 되어 있음에도 불구하고 피터는 종종 바지에 똥을 쌌다)."

시돌리 박사는 "나는 피터가 불안해지면 부모님이 자신을 사랑하고 아끼는지 시험하는 행동을 한다는 것을 일찌감치 감지했다. 보자마자 좋아하게 되었지만, 그와 동시에 피터와 함께하는 시간이 아주 힘든 시간이 될 거라는 것도 짐작했다."

그녀의 판단은 정확히 맞았다.

몇 가지 과정을 천천히 진행하면서 몇 주가 흐르자 마라 시돌리 박사는 피터가 좋아하지 않을 만한 말을 던졌다. 반응은 즉각

적이었다. "피터는 방방 뛰면서 비명을 지르고 정신 착란과 패닉 상태에서 방귀를 뀌면서 자신을 방어했다."

몇 주가 더 지나고 치료가 진행됨에 따라 피터는 더 이상 바지에 똥을 싸지 않는 지점에 이르렀다. 시돌리 박사와 피터는 더 자주 만나기 시작했다. 시돌리 박사의 설명을 압축해서 들어 보자.

"일주일에 두 번씩 나를 만나러 오기 시작하면서 피터의 행동이 새로운 단계로 접어들었다. 피터는 유명한 독재자들과 고문 기술자들과 자신을 동일시했다. 특히 사담 후세인과 자신을 동일시하곤 했는데 당시는 걸프전이 벌어지고 있던 때였다. 나에게 공격적인 행동을 보이는 걸 여러 차례 저지해야 했다. 물리적, 언어적 공격은 항상 엄청난 방귀를 동반했다. 내가 싫어질 때마다(요즘은 자주 그렇다) 피터는 자신의 불쾌한 냄새가 나를 독살하기 위해 뿜은 치명적인 가스라고 말하곤 했다. 그러나 때로는 내게 모순되는 감정을 품고 미움을 덜 느낄 때도 있었다. 그러면 피터는 내게 가스가 나올 거라며 방독 마스크를 써야 한다고 경고하기도 했다."

나중에 피터는 시돌리 박사에게 새끼 고양이 이야기를 했다. 그리고 두 사람은 롤플레잉 게임을 했다. 피터는 새끼 고양이에게 점점 더 많은 것을 요구했다.

"피터는 내게 나를 위해 준비한 엄청난 양의 음식을 배부르게 먹으라는 명령을 내렸다. 그러면 나는 토하는 시늉을 해야 했다. 이 치료 단계에서 피터의 롤플레잉 게임에는 야옹하는 소리, 입으로 내는 방귀 소리, 진짜 방귀가 항상 따라다녔다. 피터의 방귀는 새끼 고양이가 온 세상을 먹어 치우고 배가 너무 불러 빵 하고 터져 버리는 것을 설명할 때 특히 큰 소리를 냈다. 이때 피터는 바지를 적시지 않도록 언제나 화장실로 내달려야만 했다."

이 시기는 치료 과정에서 아주 다루기 힘든 시기였다. 치료 기간이 2년 차에 접어들면서 두 사람의 관계는 악화되었다. 피터는 일시적인 퇴행을 보였는데 융에 따르면 이런 종류의 퇴행은 '에고'가 하는 일이다.

마라 시돌리 박사에게는 가장 끔찍한 시기였다.

"진짜 방귀와 입으로 내는 방귀 소리의 의미를 해석하려고 부단히 노력했음에도 불구하고 방귀와 방귀 소리는 점점 커졌다. 대화를 통해서는 실마리를 얻거나 이 상황을 바꾸는 것이 불가능하다는 생각이 들었다. 내가 피터에게 말을 하면 그 말이 방귀가 되어 내게 되돌아오는 것 같았다. 피터는 나의 알파 요소 해석을 베타 요소로 되돌리고 다시 그것을 빼앗아 내게 되돌려 주었다. 나는 피터가 자신을 괴롭게 하는 부분에 대해 누군가 말을 하는 것을 막기 위해 냄새와 방귀 소리라는 보이지 않는 장벽 안에 자신을 가두고 있다는 사실을 알게 되었다."

시돌리 박사는 융 역시 환자를 치료하다 비슷한 위기에 직면했던 사실을 떠올렸다. 그래서 융이 광을 낸 그 길을 따르기로 결심하고 방어 공격을 시작했다. 게임을 실행하면서 시돌리 박사 역시 큰 방귀 소리를 낸 것이다. 시돌리 박사에 따르면 이 방법은 바람직한 결과를 내놓았다.

"처음에 피터는 나의 행동에 적잖이 놀라서 어찌할 바를 몰라 했다. 내가 그런 식으로 행동할 수 있다고는 생각도 못했기 때문이었다. 나는 놀라고 당황하는 피터의 반응을 하나의 단서로 간주했다. 그가 내 말을 듣기 시작한 것이다. 이 단서는 내가 이 접근법을 계속 밀고 나갈 수 있게 힘을 북돋아 주었다. 놀란 피터는 곧 짜증을 냈고 내가 계속해서 시끄러운 방귀 소리를 내자 화를 냈다. 나를 보고 미친 거 아니냐며 당장 그만두라고 소리쳤다. 잠시 후 피터는 나를 한동안 계속 쳐다보더니 가슴 깊은 곳에서 크게 웃음을 터뜨렸다. 나는 피터에게 다른 사람과 이야기하지 않으려고 방귀 소리를 낸다는 걸 알고 있다고 말했다. 자기가 미쳤다는 걸 상대방이 믿게 하려고 말이다. 예전에 피터가 그런 의도로 행동했다는 걸 알고 있고 아주 성공적이었다고도 이야기해 주었다. 그리고 바로 그 행동 때문에 거절당해 왔다는 이야기도 해 주었다. 그 후 피터는 진짜 아이처럼 나와 관계를 맺기 시작했다."

결국 마라 시돌리 박사는 이렇게 보고했다. "피터는 자신의 불안과 절망을 표현하는 진짜 인간적인 방법을 찾았다. 방귀로 자신을 에워싸는 대신에 피터는 내게 자신의 고통을 고스란히 보여 줄 수 있게 되었다. 자신의 사랑과 눈물을 내게 보여 주었고 예리한 관찰력과 유머 감각도 보여 주었다."

마라 시돌리 박사의 논문은 한 가닥 희망을 품고 끝을 맺는다. 피터는 이루 말할 수 없는 불안감에 대한 방어 기제로 행사하던 견딜 수 없는 행동을 완화하는 법을 배웠다고 말이다.

'잠복기' 소년이 방어 기제로 내뿜는 방귀를 피하지 않고 당당히 맞선 마라 시돌리 박사의 용기와 끈기, 그리고 문학적 아름다움을 겸비한 논문을 높이 평가하여 이그노벨상 위원회는 그녀에게 1998년 이그노벨 문학상을 수여했다.

수상자는 이그노벨상 시상식에 참석하지 못했지만 이 상을 받게 되어 무척 기쁘다는 소감을 전해왔다. 마라 시돌리 박사는 가장 다루기 어려운 정신과 환자를 기꺼이 받아들이고 그들을 치료하고 그들의 이야기를 뛰어난 필력과 유려한 문체로 풀어내는 자신을 대견해했다. 1998년에 마라 시돌리 박사는 미국 정신 분석학 협회(National Association for Advancement Psychoanalysis) 회장이 되었다.

뭐든 삼키는 인체의 블랙홀, 직장(直腸)

자신이 직접 몸속에 이물질을 집어넣어 외과 처치를 받은 두 환자의 사례가 보고되었다. 이전에 이 주제를 다룬 두툼한 연구 보고서는 182가지 사례를 발견된 물체의 유형별, 숫자별 도표로 정리했고 환자의 나이 분포, 병력, 합병증, 예후까지 꼼꼼하게 기록했다.

—데이비드 부슈와 제임스 스탈링의 의학 논문 중에서

공식 발표문

이그노벨 문학상을 위스콘신 주 매디슨의 데이비드 B. 부슈(David B. Busch)와 제임스 R. 스탈링(James R. Starling)에게 수여한다. 두 사람은 「직장 내 이물질 : 사례 보고 및 세계 논문 종합 비평」이라는 감동적인 조사 보고서를 발표했다. 보고서에 나열된 품목에는 다음과 같은 것들이 포함되어 있었다. 전구 7개, 칼 가는 도구 1개, 손전등 2개, 용수철 1개, 코담뱃갑 1개, 마개가 달린 기름병 1개, 각기 다른 형태의 과일과 채소 및 기타 식료품 11개, 보석 세공용 톱 1개, 냉동 돼지 꼬리 1개, 양철 컵 1개, 맥주잔 1개, 그리고 안경, 여행 가방 열쇠, 쌈지, 잡지로 구성된 놀랄 만한 수집품 한 세트 등. 두 사람의 연구 결과는 1986년 9월 「외과(Surgery)」 100권 3호 512~519쪽에 실렸다.

대부분의 외과 의사들은 깜짝 놀랄 만한 환자를 적어도 몇 명은 만나게 된다. 아주 인상적인 병을 앓고 있어 의학사에 길이 남을 만큼 놀라운 환자 말이다. 이들 중에는 직장 안에서 물체가 나온 사람들도 상당수 있다.

제임스 스탈링 박사는 이런 환자들을 여럿 치료했다. 이들에게 강한 인상을 받은 스탈링 박사는 동료 한 사람과 함께 더 많은 사례를 찾아 의학 논문을 샅샅이 뒤졌다. 결국 데이비드 부슈와 제임스 스탈링은 대중에게 알려지지 않은 많은 자료를 찾아냈다. 직업상 업무의 일환으로 두 사람은 세계 최초로 자신들이 찾은 모든 물건을 정리하여 종합적으로 해설했다.

위스콘신 주 매디슨의 제임스 스탈링 박사가 만난 첫 번째 가장 인상적인 환자는 실로 예기치 못한 사례였다.

"39세의 기혼인 백인 남자 변호사가 자신의 직장에 향수병을 집어넣었는데 효자손을 비롯해 다양한 물건을 사용해 꺼내려고 했지만 성공하지 못했다."

제임스 스탈링 박사는 자신의 사무실에서 직장 안에 들어 있던 보물들을 두 번째로 본 후 친구이자 동료인 데이비드 부슈 박사에게 도움을 청해 학구적이고 의학적인 제1급 연구를 수행했다. 두 사람은 이전에는 어떤 외과 의사도 체계적으로 가 본 적이 없는 의학 도서관들을 찾아가 '약 200명의 환자에게서 나온 700여 가지 물건을 포함하여 이 주제를 다룬 논문들'을 열심히 연구했다.

스탈링과 부슈 박사는 1937년에 「켄터키 의학 저널(Kentucky Medical Journal)」에 실린 '술 취한 친구들이 52세 남성의 직장에 전구를 집어넣은 사례'를 접하게 되었다. 그러다 1959년에 「남아프리카 의학 저널(South Africa Medical Journal)」에 실린 논문을 보고

기겁을 했는데 거기에는 "한 친구가 38세 남성의 직장에 안경과 여행 가방 열쇠, 쌈지, 잡지를 넣었다."는 사례가 적혀 있었다.

1934년에 「뉴욕 주 의학 저널(New York State Medical Journal)」에 실린 '오보 의혹에 대한 비난' 사례도 두 사람의 눈길을 끌었다. "54세의 기혼 남성이 자신의 직장에 사과 2개를 넣었다. 그는 이 전에도 몇 사람이 자신의 직장에 억지로 야채(오이 1개, 서양방풍나물 1개)를 집어넣은 적이 있다며 고통을 호소했다."는 내용이었다. 부슈와 스탈링 박사는 오보라고 주장하는 환자들의 불평을 이렇게 설명했다. "당황한 환자들이 인터뷰에 응하다 보니 생긴 일이다. 그런 환자들을 대할 때는 그들이 느낄 엄청난 당혹감을 감안하여 세심한 주의를 기울이고 재치 있게 대해야 한다."

1928년에 「미국 외과 저널(American Journal of Surgery)」에 실린 기사는 이런 환자들의 사례를 다음과 같이 묘사했다. "처음에는 스스로 레몬 1개와 콜드크림 병 1개를 넣었다고 인정했다가 건강이 회복되자 약국 직원이 치질 완화를 위해 레몬주스와 콜드크림을 사용해 보라고 권했다고 진술했다." 1935년에는 역시 같은 잡지가 한 환자의 사례에 관심을 보였다. "직장에서 부러진 빗자루 몽둥이가 나온 이 환자는 자신의 전립선을 마사지하기 위해 그 물건을 사용하고 있었다고 말했다. 주장에 따르면 그가 돈이 더 많았을 때에는 자신을 진료하던 외과 의사들이 일주일에 두 번씩 서비스를 해 주었다고 한다." 1932년 대공황이 절정에 이르렀을 무렵에는 「일리노이 의학 저널(Illinois Medical Journal)」이 '가려움을 해소하기 위해 물컵 2개를 직장에 쑤셔 넣은 것으로 보고된' 환자의 이야기를 실었다.

문학적·역사적으로 더 훌륭한 작업이 되게 하려고 부슈와 스탈링 박사는 「직장 내 이물질 : 사례 보고 및 세계 논문 종합 비평」에서 동료 의사들을 위해 무미건조한 기술적 정보도 제공하고 있다. 논문에서 두 사람은 벽돌 건물로 순간 변신한 직장에서 어떻게 물건들을 성공적으로 제거할 수 있었는지를 도구에 관한 설명과 함께 자세하게 기술했다.

"백열전구는 신중하게 부숴서 그물 모양의 얇고 부드러운 천이나 올이 성긴 얇은 무명으로 싸서 안전하게 제거할 수 있었다. 그 밖에 백열전구를 제거하는 데 사용된 도구로는 실을 매단 빗자루 몽둥이 1개와 부엌용 대형 스푼 2개가 있다.

일례로 물컵은 회반죽을 가득 채운 다음 밧줄을 단단히 매어 제거했다.

특별히 기록할 가치가 있었던 16세기의 여자 환자는 돼지 꼬리를 꼬리 근처에 붙은 거친 털과 함께 자기 직장에 깊이 집어넣었다. 이 환자의 경우에는 영리하게도 꼬리 위로 속이 빈 갈대를 집어넣어 두 물건을 함께 수월하게 제거할 수 있었다.

어둠 속 깊은 곳에 감춰져 있던 많은 것들에 빛을 비춘 공로로 데이비드 부슈와 제임스 스탈링은 1995년에 이그노벨 문학상을 받았다.

두 사람 모두 이그노벨상 시상식에 참석하진 못했지만 제임스 스탈링 박사가 수락 연설이 담긴 비디오테이프를 보내왔다. 그 속에서 스탈링 박사는 의사용 가운을 제대로 차려 입고 염세적이면서 단조로운 음성으로 이렇게 말했다.

"이그노벨 문학상 수상자로 선정해 주셔서 정말 감사합니다. 제가 이 일을 할 수 있도록 격려를 아끼지 않고 논문 조사를 너무나 잘해 준 데이비드 부슈 박사에게 감사를 드립니다. 제가 지금 이렇게 의사 가운을 차려 입은 것은 이 위험한 분야에 발을 디디길 원하시는 분은 반드시 적절한 복장을 해야 한다는 사실을 상기시키기 위해서입니다. 결과가 아주 안 좋을 수도 있고 너무 놀랄 수도 있기 때문이죠. 만일 이런 일을 할 생각이라면 적절한 복장을 갖추고 유머를 잃지 말기를, 또한 행운이 함께하기를 바랍니다."

데이비드 부슈와 제임스 스탈링 박사는 1986년 이전에도 「인시투(In Situ)」라는 잡지에 직장에서 발견된 물건들의 장대한 진용을 연대기 순으로 정리해 발표했다. 그 논문을 읽은 사람은 그 목록이 그저 시작일 뿐임을 깨달았다. 그 다음 해인 1987년에 소비자들의 신뢰가 치솟으면서 사람들은 직장에 도달하게 될 물건들을 엄청나게 사들였다. 1987년부터 환자들의 직장에서 발견된 물건들 중 기발한 것 몇 가지를 뽑아 보았다.

· 1987년 : 「미국 법의학 및 병리학 저널(American Journal of Forensic Medicine and Pathology)」은 「콘크리트 혼합액으로 관장을 한 다음 직장에 쑤셔 넣기」라는 제목의 논문을 실었다.

· 1991년 : 일본 의학 저널 중 하나인 「일본 법의학 저널(Nipp on Hoigaku Zasshi)」은 '직장에 지팡이를 집어넣어 사람을 죽인' 불행한 사건을 자세히 보고했다.

· 1994년 : 「미국 소화기 의학 저널(American Journal of Gastroente rology)」은 '항문에 이쑤시개를 집어넣은' 사례를 보고했다.

· 1996년 : 「인도 소화기 의학 저널(Indian Journal of Gastroenterolo gy)」은 '직장에 넣은 위스키 병'이라는 제목의 기사를 실었다. 다

음 해에는 같은 학술지에 전문가들의 관심을 보여 주는 기사 2개를 더 실었다. 하나는 '직장에 들어간 당근을 나사로 고정해서 꺼내기'라는 제목이었고 다른 하나는 '직장에 뜨개바늘이 들어갔다!'라는 제목이었다.

· 1999년 : 「응급 의학 저널(Journal of Emergency)」은 20세 남성의 직장에서 오븐용 장갑이 발견되었다고 보고했다.

· 2001년 : 「외과 의학 저널(Rozhledy v Chirurgii)」은 체코 남성의 직장에서 도자기 컵이 발견되었다고 보고했다. 그리고 「영국 치의학 저널(British Dental Journal)」은 '칫솔을 잊지 마라'라는 제목으로 직장에 칫솔을 집어넣은 환자들의 사례를 연대기 순으로 정리해서 보고했다.

　　다음은 1986년에 데이비드 부슈와 제임스 스탈링이 환자의 직장에서 발견한 물건들을 정리한 목록이다.

물건	개수	물건	개수
유리와 세라믹 제품		**부푸는 제품**	
병	31	풍선	1
줄이 달린 병	1	실린더에 달린 풍선	1
컵	12	콘돔	1
전구	7	**공 종류**	
튜브	6	야구공	2
음식		테니스공	1
사과	1	**여러 가지 용기**	
바나나	2	베이비파우더 통	1
당근	4	양초 상자	1
오이	3	코담뱃갑	1
양파	2	**잡다한 것들**	
서양방풍나물	1	병마개	1
(콘돔에 든) 요리용 바나나	1	소뿔	3
감자	1	냉동 돼지 꼬리	1
살라미	1	'캥거루 종양'	1
순무	1	플라스틱 막대	1
주키니 호박	2	돌멩이	2
나무 제품		칫솔걸이	1
도끼 자루		칫솔 패키지	1

물건	개수	물건	개수
나무/빗자루 몽둥이	10	채찍 손잡이	2*
기타 나무 제품	3	**컬렉션(각각 한 환자에게서 나왔음)**	
성인용품		유리관	2
바이브레이터	23*	보석 세공용 톱	72.5
딜도	15	마개가 달린 기름병	
부엌용품		나무 조각과 땅콩	
둔한 칼	1	우산 손잡이와 관장용 배관	
얼음 깨는 송곳	1	유리	2
칼 가는 도구	1	인이 있는 성냥 끝 부분(살인)	
막자사발용 막자	2	돌멩이	42
플라스틱 주걱	1	연장 통**	
숟가락	1	비누	2
양철 컵	1	맥주잔과 저장 냄비	
잡다한 도구들		레몬과 콜드크림 병	
양초	1	사과	2
손전등	2	안경, 여행 가방 열쇠,	
쇠막대	1	담뱃갑, 잡지	
펜	2		
고무관	1		
드라이버	1		
칫솔	1		
용수철	1		

* 개수는 많을 수도 있음(분명하지 않음).
** 탈옥을 시도한 재소자의 직장 안에 있던 것으로 연장
통 안에는 톱과 다른 공구가 들어 있었음.

기타 부문

조상님이 했어도 낙서는 낙서!

장 클로트(Jean Clottes) 고고학 감찰감은 낙서도 때로는 아주 유서 깊은 역사적 증거로서 가치가 있다는 사실을 우리에게 깨우쳐 주었다.
— 1992년 3월 24일 자 「르 몽드(Le Monde)」 기사 중에서

공식 발표문
이그노벨 고고학상을 프랑스 스카우트(Les Éclaireurs de France) 단에게 수여한다. 개신교 청소년 그룹으로 '길을 보여 주는 사람들'을 뜻하는 프랑스 스카우트 단은 브루니켈이라는 프랑스의 작은 마을 근처 메이리에레 동굴 벽에서 고대 벽화를 지우는 신선하고 놀라운 낙서 제거 작업을 수행했다.

　　미국 보이 스카우트와 걸 스카우트, 독일의 스카우트와 가이드, 튀니지 스카우트, 카타르 보이 스카우트, 모나코 스카우트와 가이드, 라이베리아 보이 스카우트, 리히텐슈타인 가이드와 스카우트, 브라질 스카우트, 이탈리아 탐험대와 스카우트, 불가리아 스카우트, 중국 스카우트, 부르키나파소 스카우트와 걸 스카우트 등 150여 개 국가에서 소년 소녀들이 시민에게 봉사하고 선한 일을 하는 스카우트 조직에 참여한다.
　　이들 스카우트 조직은 대부분 스카우트 정신을 따르기 위해 노력한다. 영어를 그대로 쓰기도 하고 모국어로 번역하기도 하는데, 어쨌거나 스카우트의 정신은 바로 '준비(Be Prepared)!'다.

1992년 프랑스에서 스카우트 지도부가 더러워진 동굴에 달려들라고 지시했을 때 단원들은 진짜로 준비가 되어 있었다.

프랑스 스카우트 지도부는 단원들을 프랑스 남부 타른에가론느 지역에 있는 메이리에레 동굴로 데리고 갔다. 그리고 동굴 벽을 덮고 있는 낙서를 깨끗하게 청소하라고 지시했다. 단원들은 낙서를 북북 문질러 깨끗하게 닦아냈다.

그러나 누군가에게 낙서로 보이는 것이 다른 누군가에게는 위대한 예술이기도 한 법이다. 이 특별한 낙서는 아주 훌륭한 역사적 예술품이었다.

스카우트 단원들이 청소 작업을 끝내고 배운 것이 바로 '역사'였다. 1952년에 동굴 탐험가 단체는 엄청난 역사 유적을 발견했다. 긴 나선 모양의 동굴로 이루어진 메이리에레 동굴 벽에는 다양한 고대 그림들이 그려져 있었다. 가장 눈부신 장관은 입구에서 그리 멀지 않은 곳에 펼쳐져 있었다. 들소를 그린 멋진 그림이 두 개 있었는데, 하나는 정면을 그린 것이고 다른 하나는 옆모습을 그린 것이었다.

고고학자들은 그 그림이 1만 년에서 1만 5,000년 정도 되었을 거라고 추정했다. 프랑스 지방에서 그런 그림이 발견된 것은 그때가 처음이었다. 프랑스 스카우트 단원들 덕분에 프랑스 사람들은 유일한 고대 벽화를 영원히 잃어버리게 되었다.

스카우트 단원들의 열정과 정식으로 승인받은 청소 작업 덕분에 프랑스 스카우트는 1992년 이그노벨 고고학상을 받았다.

수상자들은 이그노벨상 시상식에 참석하지 않았다. 오고 싶어 했는지 어쨌는지는 알 길이 없다.

회식의 필수품, 향기 나는 양복

서울에 사는 39세의 회사원 이수범 씨는 동료들과 회식을 하고 늦게야 집으로 돌아가는 길이다. 갑자기 그는 몸을 흔들기도 하고 가슴 언저리를 손으로 문지르기도 한다. 아파트 문 앞에 도착하자 이수범 씨는 코를 킁킁대며 자신의 옷 냄새를 맡고는 이내 만족스러운 미소를 지으며 집 안으로 들어선다. 밤늦도록 회사 동료들과 담배 연기 가득한 술집에서 시간을 보냈지만 그의 몸에서는 술 냄새도 담배 냄새도 나지 않는다. 오히려 은은한 향이 배어 나온다. 그는 "아내 잔소리를 피하는 데는 이 셔츠가 최고야"라고 중얼거린다. 이수범 씨가 입은 셔츠는 세련된 느낌의 베이지 색 울 소재 양복으로 은은한 라벤더 향이 난다. 움직이면 움직일수록 라벤더 향은 더 진해진다.

— 1998년 「연합뉴스」 기사 중에서

공식 발표문

이그노벨상 환경상을 한국의 권혁호 씨에게 수여한다. 그는 코오롱에 근무하면서 향기 나는 양복을 개발했다.

늦은 밤까지 이어지는 업무상 술자리를 마치고 귀가하는 회사원들은 으레 몸에서 고약한 냄새가 나기 마련이다. 하지만 이제 그런 걱정은 하지 않아도 된다. 권혁호 씨가 개발한 향기 나는 양복을 입으면 몸에서 좋은 향기가 나기 때문이다.

권혁호 씨는 성실하고 인상 좋은 직장인으로 코오롱에 근무하고 있다. 섬유, 화학, 건설, 유통, 금융, 정보 통신 등 다양한 분야에 걸쳐 21개 자회사를 두고 있는 이 기업에서 권혁호 씨는 유독 스타일리시한 기술을 완성할 수 있었던 유일한 사람일 것이다.

향기 나는 양복은 소나무 향, 라벤더 향, 페퍼민트 향 세 가지가 있다. 그뿐 아니라 최고급 울 원단을 사용했으며 세련된 디자인으로 재단된다.

이 양복의 원단은 마이크로캡슐 처리된 향으로 흠뻑 적신 다음 적당한 자극을 준 것이다. 향기가 나게 하고 싶을 때마다 소매를 세게 문질러 주면 된다고 한다. 하지만 사실 이런 수고를 할 필요도 없다. 대부분 양복에서는 적당한 향기가 난다. 특히 걷거나 움직이면 향이 짙어지는데 작은 동작 하나로도 수백만 개의 마이크로캡슐이 부서지면서 향기를 뿜기 때문이다.

향기 나는 양복은 20번 이상 드라이클리닝을 해도 향기가 지속되도록 제작되었기 때문에 2~3년 정도 입을 수 있다.

향기 나는 양복 사업 분야에서 코오롱의 경쟁사로 꼽히는 회사는 LG패션과 에스에스 하티스트로 모두 한국 회사이다. 외국 디자인을 제작만 하던 한국의 패션 산업은 적극적인 혁신자로 변신해 왔다. 향기 나는 양복 시장은 아시아에서 시작되어 전 세계로 뻗어 가고 있다. 전문가들은 앞으로도 한국에서 혁신적인 신제품이 나올 거라고 예상하고 있다.

사실 향기 나는 양복을 구매하는 사람은 기혼 직장인들로 국한되지 않는다. 미혼 직장인들도 이 양복에 높은 관심을 보이고 있다.

"라벤더 향이 나는 양복이 가정에 평화를 가져왔습니다. 이 양복 덕택에 부모님의 잔소리로부터 벗어났으니까요. 회사 동료들과 밤늦게까지 회식을 한 날이면 몸에서 소주와 기름진 음식 냄새가 진동을 하곤 했거든요." 로이터 통신과의 인터뷰에서 직장인 이경욱 씨는 기혼자뿐 아니라 미혼 남성에게도 향기 나는 양복은 아주 매력적이라고 말했다.

"이제 싸구려 향수를 온몸에 뿌리지 않아도 되니 참 다행입니다. 집에 들어가기 전에 양복을 문지르고 흔들기만 하면 악취 걱정을 하지 않아도 됩니다. 전 약간의 연기를 하면서 집에 들어가곤 합니다. '야근 때문에 피곤해 죽겠네.'라고요."

28세인 문철호 씨도 로이터 통신과의 인터뷰에서 향기 나는 양복의 기능을 칭찬했다. "하루 종일 근무하고 나면 몸에서 땀 냄새가 진동을 합니다. 향기 나는 양복은 이러한 땀 냄새를 제거해 주기 때문에 무척 편리합니다. 사람들을 만날 때 몸에서 냄새가 날까 봐 걱정하지 않아도 되니까 말입니다."

보수적인 양복 시장에 향수라는 새로운 아이템을 접목한 점을 인정받아 권혁호 씨는 1999년 이그노벨 환경상을 수상했다.

권혁호 씨는 이그노벨상 시상식에 직접 참석했다. 서울에서 시상식장에 날아오는 데 드는 경비 일체를 코오롱에서 지원했다. 뿐만 아니라 코오롱은 이그노벨상 시상식에 참석한 노벨상 수상자

다섯 명을 위해 향기 나는 양복을 제작해 주었다. 향기 나는 양복 덕분에 시상식이 열린 샌더스 시어터에는 은은한 향기가 가득했다. 권혁호 씨는 다음과 같이 수상 소감을 밝혔다.

"감사합니다. 양복을 좀 더 강하게 문지르면 더 강한 향을 맡으실 수 있습니다. 우선 이 상을 수상하게 된 것이 저에겐 큰 영광

코오롱에서 향기 나는 양복을 선물받은 노벨상 수상자 다섯 명이 권혁호 씨의 설명대로 양복을 문질러 향기를 맡고 있다.

이라고 말씀드리고 싶습니다. 저는 하나님께서 제 인생이 향기로운 인생이 되기를 바라신다는 믿음을 가지고 살아왔습니다. 흥미로운 것은 제가 개발한 양복 또한 향기를 지니게 되었다는 것이지요. 제 인생이 늘 향기롭기를 바라는 것처럼 여러분 모두의 인생도 향기로 가득하길 기도하겠습니다."

세상에서 제일 비싼 응가

자바 섬의 플랜테이션 농장을 방문한 손님들은 대부분 아침 식사 때 루왁 커피를 대접받는다. 이 향기로운 커피 한 잔을 다 마신 후에는 커피에 담긴 비밀을 듣게 된다. 그 비밀이란 루왁 커피는 자바 섬에만 서식하는 루왁이라 불리는 긴꼬리 사향고양이들이 원두를 골라내고 정제한 커피라는 것이다. 루왁은 가장 잘 익은 최상의 커피 원두만 먹는데 이 커피 원두를 일부만 소화하고 몇 시간이 지나면 바로 배설한다. 그러면 플랜테이션 농장의 일꾼들은 지상에 흩어져 있는 루왁의 배설물 속에 있는 원두를 잘 골라낸 후 볶을 준비를 한다.
-인도네시아 여행 홍보 책자 중에서

공식 발표문

세계에서 가장 비싼 커피인 루왁 커피를 보급한 공로를 인정하여 애틀랜타에서 마르티네스 앤드 컴퍼니라는 회사를 운영하는 존 마르티네스(John Martinez)에게 이그노벨 식품 영양학상을 수여한다. 루왁 커피의 원두는 인도네시아에만 서식하는 살쾡이 과의 동물 긴꼬리 사향고양이의 소화 및 배설 과정을 거쳐 생산된다.
루왁 커피는 인도네시아 수마트라, 자바, 술라웨시 섬에서 직접 수입하거나 수입원인 마르티네스 앤드 컴퍼니를 통해 구매할 수 있다.
마르티네스 앤드 컴퍼니 연락처 : 1-404-231-5465(미국 조지아 주 애틀랜타).

　루왁 커피를 만들려면 비위가 강해야 한다. 루왁 커피를 처음 마시려고 할 때도 마찬가지다.
　인도네시아에서 생산되는 세상에서 가장 비싼 이 커피가 완성되는 과정은 다음과 같다. 동물 한 마리가 커피 열매를 따 먹고 나서 그 열매를 다시 배설한다. 그러고 나면 사람들이 그 배설물을 모아서 배에 실어 해외로 운송하는데 이 과정에서 많은 비용이 발생한다. 그 후 가격이 결정되고 마지막으로 여러 국가의 커피 애호가들이 이 커피를 소비한다. 존 마르티네스는 커피 무역을 하는 가정에서 태어나 자연스럽게 커피 무역을 몸에 익혔다. 뿐만 아니라 높은 수준의 교육까지 받았기 때문에 호기심을 자극하면서도 독특한 풍미를 지닌 루왁 커피를 전 세계 커피 애호가들에게 소개하는 역할을 해낼 수 있었다.

긴꼬리 사향고양이라고 알려진 루왁(학명 Paradoxurus hermaphroditus)은 살쾡이와 비슷하게 생겼는데 짙은 갈색에 몸집이 작은 편이다. 루왁은 인도네시아 열대 우림 지역에 서식하며 주로 나무 위에서 생활한다. 나무 열매를 주식으로 삼는데 야생 딸기나 과육이 많은 열매를 좋아한다. 특히 루왁은 최상의 상태로 익었을 때만 열매를 따 먹는 것으로 알려져 있다. 과일 씨앗이 루왁의 소화 기관을 통과하면 가장 원시적인 상태로 되돌아간다. 루왁은 가장 잘 익은 상태로 선명한 빨강색을 띠는 커피 열매만 따 먹는데 이 커피 열매는 모든 소화 기관을 통과한 다음에도 소화되지 않은 채 걸러진다. 놀라운 점은 이 과정이 커피 전문가가 커피 원두를 정제하는 과정과 흡사하다는 사실이다.

루왁 커피는 수마트라의 두 섬, 자바와 술라웨시에서 생산된다. 정확한 수치를 제시하기는 어렵지만 매년 약 80~500파운드 정도의 루왁 커피가 생산되어 해외로 수출되는데 대부분 일본과 미국으로 나간다.

실제로 루왁이 어느 정도 커피 원두를 정제하는 것은 맞지만 일반인들이 기대하는 방식과는 다소 차이가 있다. 커피 열매는 자라면서 딱딱한 단백질 껍질을 형성하는데 이 껍질을 벗기고 나서 볶아야 한다. 요즘은 기계를 사용해 이 껍질을 제거하지만 루왁은 완전한 자연 방식인 내장의 힘만으로 껍질을 벗기고 원두를 배설한다. 따라서 루왁 커피 원두를 수확하는 방식은 매우 단순하다. 걸어 다니면서 루왁이 배설한 똥 덩어리를 모으면 된다.

어떤 커피 전문가는 다음과 같이 말했다고 한다. "이 커피는 매우 독특한 맛과 향이 있다. 이는 커피가 만들어지는 과정에서 원두가 동물에 의해 일부 소화되었기 때문이다." 루왁은 항문의 냄새 분비선이 매우 발달되어 있다. 루왁 커피 애호가들은 바로 이 때문에 루왁 커피가 다른 커피와는 구별되는 맛과 향을 내는 것이라고 주장한다. 어쨌든 대부분의 사람들은 루왁 커피가 매우 풍부한 맛과 향을 지니고 있다는 데 동의한다. 몇몇 사람들은 루왁 커피에서 약간 고기 맛이 난다고도 하지만 많은 사람들은 루왁 커피가 세상에서 가장 맛있는 커피라고 믿고 있다.

존 마르티네스는 자메이카에서 커피 농장을 운영하는 가정에서 자랐다. 미국으로 이민을 간 후 마르티네스 앤드 컴퍼니라는 회사를 설립했는데 이 회사는 전 세계 커피 무역 회사 중 가장

규모가 크고 전문적인 회사로 유명하다. 거의 알려지지 않았던 루왁 커피가 전 세계에 알려지게 된 데에는 마르티네스의 공이 크다. 애틀랜타 지역 신문과의 인터뷰에서 마르티네스는 루왁 커피를 탁자에 올려놓으며 이렇게 말했다. "커피는 전 세계에서 두 번째로 많이 거래되는 물품입니다. 이런 커피 무역 시장에서 선두를 유지하려면 매우 색다른 상품이 꼭 필요하지요."

그렇다면 왜 루왁 커피는 그토록 가격이 비싼 것일까? 이 커피가 놀랄 만큼 비싼 것은 사실이지만 또 한 가지 분명한 사실이 있다. 커피 나무와 루왁이 주변에 있다면 누구라도 돈 한 푼 들이지 않고 루왁 커피를 수확할 수 있다는 것이다.

매우 희귀할 뿐 아니라 아주 섬세하고 독특한 향을 지닌 루왁 커피를 전 세계에 알린 공로를 인정받아 존 마르티네스는 1995년 이그노벨 식품 영양학상을 받았다.

마르티네스는 애틀랜타에서 보스턴까지 날아오는 데 드는 경비를 기꺼이 부담하여 이그노벨상 시상식에 참석했다. 매우 고급스러운 정장을 차려 입은 마르티네스는 침착하고 위엄 있는 어조로 루왁 커피에 대한 헌시를 낭송했다.

"그날 저녁의 감격을 기억하기 위해 저는 이와 같은 시를 썼습니다. 루왁을 향한 송시입니다."

루왁, 루왁

너를 부르는 소리가 들린다.

너는 비행기인가? 아니면 새인가?

아, 친구들아! 루왁은 그런 것이 아니라네.

나의 멋진, 바로 살쾡이의 사촌이라네.

루왁, 루왁

우리는 묻는다네. "너는 도대체 무엇인가?"

브리태니커 사전은 너를 긴꼬리 사향고양이라고 부르더군.

너의 학명은 파라독소루스 헤르마프로디투스

과학적인 정보들은 늘 흥미롭기도 하지.

루왁, 루왁

너는 도대체 어디에 살고 있니?

지옥만큼이나 뜨거운 수마트라 섬에 사는 너는

어둠이 짙게 깔리면

빨갛게 잘 익은 커피 열매를 찾아다니지.

루왁, 루왁

네가 한 차례 포식을 하고 나면

놀랄 만한 맛과 향이 새롭게 만들어지는구나.

여기에 모인 모든 이들을 위해 한 스푼의 커피를 뜬다.

우리는 모두 너의 똥으로 만들어진 커피를 마신다.

마르티네스가 수상 소감을 마치고 촉촉해진 눈을 닦으며 내려오자마자 다섯 명의 젊은 댄서가 시상식장 안으로 우아하게 들어왔다. 그들은 모두 실험실 가운을 입고 손에 김이 모락모락 나는 갓 뽑은 루왁 커피를 들고 있었다. 그리고 그 커피를 다섯 명의 노벨상 수상자들에게 전달했다.

커피잔을 받아 든 노벨상 수상자들은 서로 얼굴과 손에 든 커피잔을 번갈아 쳐다보았다. 이 순간 그들 마음에 어떤 생각이 오

이그노벨상 시상식장에서 노벨상 수상자들이 생전 처음으로 루왁 커피를 마시고 있다.

갔는지는 누구라도 어렵지 않게 짐작할 수 있을 것이다. "한 사람이라도 커피를 마시면, 나머지 사람들도 모두 커피를 마셔야만 하겠지." 키득거리기도 하고 주저하기도 하면서 약간의 시간이 흘렀다. 커피잔을 들고 마실까 말까 하는 동작을 몇 차례 하더니 드디어 한 사람이 이 귀한 커피를 조금씩 마시기 시작했다. 몇 모금 마시고 나서는 커피를 아예 쭉 들이켰다. 바로 그 순간, 지적이고 존경받는 학자들인 노벨상 수상자들의 입에서 나온 말은 바로 똥에 대한 농담이었다. 서로 키득거리면서 똥에 대한 농담을 주고받는 것에 너무도 몰두하자 결국 시상식 사회자가 나서서 그들을 밀릴 수밖에 없었다. "네, 네, 이제 그만 좀 하세요."

하지만 노벨상 수상자들의 심정을 이해하는 차원에서 사회자도 나서서 그들이 마시던 루왁 커피를 한 모금 얻어 마셨다. 그가 커피를 마시자마자 여기저기서 사람들이 큰 소리로 물었다. "맛이 어떤가요?" 그는 대답했다. "여러분이 기대한 것, 그 이상인데요."

아무도 몰랐던 도넛의 진지한 역할

도넛은 대량으로 생산되고 소비된다. 그럼에도 불구하고 캐나다에서는 도넛이 정치적 정체성을 드러내는 독특한 도구가 된다.

—스티브 펜폴드의 논문 「도넛의 사회학」 중에서

공식 발표문

캐나다의 도넛 가게들을 주제로 박사 논문을 발표한 토론토 요크 대학의 스티브 펜폴드(Steve Penfold)에게 이그노벨 사회학상을 수여한다.

역사학 박사 학위를 취득하기 위해 쓴 이 논문의 제목은 「도넛의 사회학 : 1950년부터 1990년을 중심으로 살펴본 캐나다 도심 지역의 상품과 지역 공동체 간의 관계」였다. 그리고 「음식의 제국 : 소비 사회에서의 판매 성향(Food Nation : Selling Taste in Consumer Societies)」이라는 책에 실렸던 스티브 펜폴드의 예비 논문 제목은 「에디 샤크는 팀 호튼스에 가지 않는다」였다.

요크 대학 역사학과 대학원생 스티브 펜폴드는 매우 흥미로운 연구 주제를 선정하여 학자들의 관심을 끌었다. 펜폴드는 캐나다 사회 구조에서 도넛 가게들이 하는 역할을 연구했다.

캐나다 사람들은 세계 어떤 나라 국민보다 도넛을 더 많이 먹는다. 캐나다에서 가장 큰 도넛 체인인 팀 호튼스에서는 엄청난 양의 도넛이 만들어지고 또한 소비된다. 작고한 하키 선수의 이름을 딴 팀 호튼스 도넛은 캐나다 전역에 퍼져 있을 뿐 아니라 체인점 수가 2,000개가 넘는다. 캐나다에는 맥도날드보다 팀 호튼스 도넛이 더 많다. 팀 호튼스 도넛은 많은 캐나다 사람들과 지역 사회에 사회적으로 중요한 의미를 지닌다. 도넛과 함께 커피 한 잔을 마시며 몸을 녹일 수 있는 팀 호튼스 도넛은 추운 겨울을 보내야 하는 캐나다 사람들에게 귀중한 휴식처인 셈이다. 펜폴드는 「월 스트리트 저널」에서 다음과 같이 설명했다. "영국에서는 사람들이 '펍(pub)'이라는 선술집에 모여 교제를 나눕니다. 캐나다에서는 동네 도넛 가게가 바로 그런 역할을 하지요."

펜폴드의 논문을 몇 군데 살펴보자.

"캐나다에서는 도넛이 국민 음식으로 여겨질 정도로 인기가 많다. 실제로 도넛은 캐나다를 상징하는 음식으로 추앙받고 있다. 캐나다 사람들은 대부분 미국에서 생산된 물품을 소비하면서 살아간다. 하지만 미국이 아닌 캐나다에서 만들어진 무언가를 소비하고 싶어 하는 강한 정서를 안고 있다. 팀 호튼스 도넛에서 커피 한 잔을 사서 마시는 것은 바로 그런 욕구의 표현이다. 캐나다에서 이민을 간 사람들 또한 고향에 돌아가고 싶을 때 도넛 가게를 찾는다."

"신기하게도 캐나다 사람들이 도넛을 통해 느끼는 국민 정서는 역사적인 기원이나 논리적 근거를 가지고 형성된 것이 아니다. 20세기 캐나다 경제를 돌아보면 바로 이 시기에 대규모 도넛 회사가 나타나기 시작했는데 체인점 형태거나 미국식 대량 생산 방식을 적용한 사례들이었다. 1995년에는 팀 호튼스 도넛이 미국 기업인 웬디스 햄버거에 팔렸다. 일반적으로 캐나다 사람들이 미국 기업들의 위협적인 공세에 민감한 반응을 보인다는 점을 감안하면, 국민 기업으로 인식되던 팀 호튼스 도넛이 미국 햄버거 회사에 팔린 후에도 여전히 국민 정서를 느끼게 한다는 사실은 아주 이례적인 일이다."

"만약 대량 생산 대량 소비의 문화가 생산의 질을 떨어뜨리고 소비의 사회적 경험을 저해한다고 믿는다면, 도넛은 분석해볼 만한 주제라 할 수 있다. 캐나다에서 도넛은 주로 대규모 기업에 의해 생산되어 전국 각지에 퍼져 있는 도넛 가게들에서 팔려 나간다. 또한 저임금의 노동자들이 도넛 가게에서 별다른 전문성을 필요로 하지 않는 세분화된 일을 담당한다. 그럼에도 불구하고 도넛은 캐나다 사람들의 일상에서 보이는 역설을 잘 설명해 주는 도구이다. 도넛은 사회 구조 및 개인의 정체성과 연결되어 있고 집단과 공동체라는 두 가지 상반된 성질을 모두 지니기 때문이다. 따라서 도넛이 대중에게 하는 역할은 여러 가지로 해석이 가능하다."

도넛에서 새로운 의미를 찾아낸 성과를 인정받아 스티브 펜폴드는 1999년 이그노벨 사회학상을 받았다.

수상자 펜폴드는 자비를 들여 이그노벨상 시상식에 참석했다.

시상식에서 그는 다음과 같은 수상소감을 밝혔다.

"글쎄요, 미국에서는 박사 논문의 주제로 도넛의 사회적·역사적 의미를 다루는 것이 약간 이상하게 여겨질 것 같습니다. 정확히는 모르겠지만요. 하지만 캐나다에서는 이 주제를 연구하는 것을 매우 당연하게 받아들입니다. 사실 이렇게 표현해도 될지 모르겠지만, 이런 주제의 연구를 숭고하다고 평가하기도 합니다. 실제로 여러 사람이 저에게 '좋은 주제를 선택했어. 잘해 봐.'라고 격려해 주었습니다. 아마 여러분께선 캐나다에서 도넛이 어느 정도로 국민 음식 대접을 받는지 잘 모르실 겁니다. 캐나다에는 도넛을 칭송하는 시도 있고 노래도 있습니다. 하지만 제가 이 상을 보스턴에서 받을 수 있게 된 것은 참으로 영광입니다. 보스턴은 바로 도넛 체인점이 시작된 역사적인 장소이니까요. 보스턴에도 너무나 많은 도넛 가게가 있어 마음이 편합니다. 한 가지 문제만 해결된다면 이곳으로 이사 오는 것도 고려해 볼 텐데 말입니다. 문제는 이 도시가 미국 사람들로 가득 차 있다는 것이죠. 뭐 미국 도시에 미국 사람들이 가득하다고 해서 문제가 될 건 없을 겁니다. 하지만 사적인 장소가 아닌 곳에서까지 모든 사람이 알아챌 수 있을 정도로 너무 미국 사람 티 나게 행동하지 않았으면 좋겠습니다."

캐나다 도넛 가게의 사회학에 대해 박사 논문을 쓰는 것은 엄청난 스트레스를 받는 작업인 듯하다. 2001년 스티브 펜폴드의 대학원 동료는 다음과 같은 이야기를 전했다.

"그와 함께 논문 지도 수업에 들어갔을 때 있었던 일입니다. 그에게서 뭔가를 배울 수 있었냐고요? 글쎄요, 그렇다고 할 수 있겠네요. 의도하지는 않았겠지만 펜폴드는 저에게 깨달음을 주었습니다. 사실 학교에서는 모두 스티브 펜폴드를 도넛맨이라고 부릅니다. 그의 이름은 모르고 별명만 아는 사람이 더 많지요. 논문 지도 수업이 있던 바로 그날, 스티브 펜폴드는 똑같은 질문을 두 번이나 했습니다. 논문을 쓰는 동안 주변의 모든 사람을 죽이고 싶은 마음을 어떻게 자제할 수 있는지에 관한 것이었습니다. 그가 똑같은 질문을 두 번째로 했을 때 저는 그의 심리 상태를 걱정하지 않을 수 없었습니다. 그의 공격적인 모습을 보고 너무 놀라서 저는 직업과 학업 외에 저의 생활에 대해 깊이 생각하고 반성하는 시간을 가졌습니다. 저는 스티브 펜폴드가 앞으로도 도넛에 대한 열정으로 명성을 이어 갔으면 하는 바람입니다. 혹시라도 그가 가족을 살해했다거나 하는 끔찍한 일로 유명해지지 않기를 진심으로 바랍니다."

이그노벨상 이야기

펴낸날	초판 1쇄 2010년 10월 7일
	초판 6쇄 2017년 6월 16일

지은이	마크 에이브러햄스
옮긴이	이은진
펴낸이	심만수
펴낸곳	(주)살림출판사
출판등록	1989년 11월 1일 제9-210호

주소	경기도 파주시 광인사길 30
전화	031-955-1350 팩스 031-624-1356
홈페이지	http://www.sallimbooks.com
이메일	book@sallimbooks.com

ISBN   978-89-522-1501-7   03400

살림Friends는 (주)살림출판사의 청소년 브랜드입니다.

※ 값은 뒤표지에 있습니다.
※ 잘못 만들어진 책은 구입하신 서점에서 바꾸어 드립니다.